黄河下游防洪工程后影响
分析与评价研究

陈 静 黄 波 党同均 张 灿 著

黄河水利出版社
·郑 州·

内 容 提 要

本书以黄河下游防洪工程移民安置工程为后影响分析与评价目标,内容包括移民安置工程规划及实施方案、典型地区移民安置实际实施情况、移民安置实施过程监测评估、移民安置后评价的方法、移民安置后评价指标体系构建、移民安置后评价的主要内容及结论与建议。

图书在版编目(CIP)数据

黄河下游防洪工程后影响分析与评价研究/陈静等著.—郑州:黄河水利出版社,2022.6
ISBN 978-7-5509-3309-5

Ⅰ.①黄…　Ⅱ.①陈…　Ⅲ.①黄河-下游河段-防洪工程-研究　Ⅳ.①TV882.1

中国版本图书馆 CIP 数据核字(2022)第 100201 号

出　版　社:黄河水利出版社　　　　　　　　网址:www.yrcp.com
　　　　地址:河南省郑州市顺河路黄委会综合楼14层　　邮政编码:450003
发行单位:黄河水利出版社
　　　　发行部电话:0371-66026940、66020550、66028024、66022620(传真)
　　　　E-mail:hhslcbs@126.com
承印单位:广东虎彩云印刷有限公司
开本:787 mm×1 092 mm　1/16
印张:11
字数:254 千字
版次:2022 年 6 月第 1 版　　　　　　　　　印次:2022 年 6 月第 1 次印刷

定价:78.00 元

前　言

　　征地移民是防洪工程建设中的重要环节,是顺利推进工程建设的前提条件,随着社会的飞速发展,基础工程建设越来越多,征地移民工作也随之越来越复杂、越多变。移民安置工作是一项政策性强、涉及面广、艰巨而复杂的工作,移民问题解决得好坏,直接关系到工程建设和运行管理能否顺利进行,能否正常发挥经济效益和社会效益,直接关系到移民安置群众的生产、生活和当地的经济发展和社会安定。

　　征地移民具有非自愿性的特点,水利工程移民的妥善安置,不仅关系到移民自身的可持续发展,还将影响到社会、经济和环境的协调发展。工程的建设及设计单位,有必要了解和掌握工程实施后征地及移民安置对当地社会及群众的积极作用和各方面影响,通过现场调查和走访掌握移民搬迁群众的生活环境、生活状况、生活条件和各种社会因素的变化,通过数据统计和量化指标进行客观的分析和评价,提出合理的意见和建议,为今后征地及移民安置工作的改进和提高提供依据。

　　经过几年的探索,作者结合工作经验,在同行专家的指导和启发下,撰写了本书,通过现场调查掌握移民安置后群众的生活环境、生活状况、生活条件和各种社会因素的变化,对移民搬迁前与搬迁后的社会、经济、环境、生产生活条件指标进行对比;通过数据统计和量化指标,对已完成的移民项目的目的、效益、作用和影响进行客观的分析和比较,总结确定移民安置的效果是否达到预期的目标,找出移民安置项目的经验及存在的问题,为未来新的移民项目的规划和移民项目的管理提出建议,从而提高移民项目投资效益,提高移民安置工作的科学化和规范化的管理水平。

　　受作者水平和资料限制,书中难免存在疏漏或不足,敬请读者批评指正。如果阅读本书能给您的工作、学习提供些许的帮助,作者将甚感欣慰。

作　者

2022 年 3 月

目　录

第 1 章　移民安置后影响分析与评价概述

1.1　研究的必要性

黄河下游近期防洪工程(山东段)批复概算投资 197 068 万元,其中工程部分投资 105 682 万元,工程占地处理及移民安置投资 87 998 万元。工程于 2012 年 9 月开工,移民迁占工作同时全面展开,工作内容包括附着物清理赔偿、房屋拆迁补偿、征地及占地划界和确权、生产及生活安置、土地复垦、专业项目复建等,2014 年底移民迁占工作基本完成,2015 年 12 月完成了工程占地处理及移民安置初验,2016 年 9 月完成移民终验,2016 年底整体工程通过竣工验收。

征地及移民迁占工作既是工程的重要组成部分也是工程实施的前提和基础。通过当地政府的宣传、组织、动员和协调,依据工程移民规划实施方案,严格按照国家及地方的相关法规及工作程序,在地方群众及参建各方的配合下,征地及移民迁占工作总体顺利,为工程的顺利实施创造了条件。

本次工程征地及移民迁占工作量大,受工程影响的区域广、人口较多,当地群众为工程建设做出了巨大贡献,当地居民原有的生产、生活条件也发生了相应的变化。项目按照国家批复的补偿标准结合地方的相关规定和实际情况对土地及房屋进行了补偿,对单位村庄生活安置人口超过 50 人的村庄进行了集中安置,统一规划、建设基础设施,对单位村庄生活安置人口低于 50 人的村庄,利用村庄内部闲置土地进行了分散安置。

征地及移民迁占工作按照国家批复标准结合地方相关政策,同时考虑了不同地区的发展水平和群众的经济、生活状况,搬迁群众安置后的生活环境、生产和生活条件总体上都得到了改善和提高,但是不可避免对搬迁群众的生产、生活、家庭和心理会造成一定的影响,有些影响是短期内可以调整、适应并逐渐消除的,有些影响会时间较长。

截至目前,工程已经完成验收并投入使用,但是征地和移民安置对当地群众生产、生活有何影响?搬迁安置群众现在的生活环境、生活状况和生活条件改善情况如何?移民搬迁对群众的社会关系及未来发展有何影响?征地移民工作是否达到了预期的目标?针对这些问题进行后评价是必要的。工程的建设及设计单位,有必要了解和掌握工程实施后征地及移民安置对当地社会及群众的积极作用和各方面影响,通过现场调查和走访掌握移民搬迁群众的生活环境、生活状况、生活条件和各种社会因素的变化,通过数据统计和量化指标进行客观的分析和评价,提出合理的意见和建议,为今后征地及移民安置工作的改进和提高提供依据。

1.2　研究的目的

通过现场调查掌握移民安置后群众的生活环境、生活状况、生活条件和各种社会因素的变化,对移民搬迁前与搬迁后的社会、经济、环境、生产生活条件指标进行对比;通过数据统计和量化指标对已完成的移民项目的目的、效益、作用和影响进行客观的分析和比较,总结确定移民安置的效果是否达到预期的目标,找出移民安置项目的经验及存在的问题,为未来新的移民项目的规划和移民项目的管理提出建议,从而提高移民项目投资效益,提高移民安置工作的科学化和规范化的管理水平。

1.3　研究任务和内容

移民安置工作是一项政策性强、涉及面广、艰巨而复杂的工作,是防洪工程建设中不可分割的一个部分,移民问题解决得好坏,直接关系到工程建设和运行管理能否顺利进行,能否正常发挥经济效益和社会效益,直接关系到移民安置群众的生产生活及当地的经济发展和社会安定。

黄河下游近期防洪工程占地处理及移民安置项目的规模大、战线长、地点分散,涉及黄河沿线的村庄多、工作内容复杂,包括征地、专业项目复建、居民迁建等各项内容,根据工程移民安置项目在不同工程段落的内容、规模、类型和分布情况,拟选取聊城市东阿县、滨州市邹平市(当时为邹平县,现改为邹平市)、东营市垦利区(当时为垦利县,现改为垦利区)的部分工程段落和集中安置点作为重点调查、分析和评价目标,评价内容主要包括以下几个方面:

(1)征地及占压处理评价。

永久征地:永久征地包括工程占压以及居民点集中安置的新址征地;评价内容包括被征农户工程前后土地的数量、质量变化,土地的安置方式以及对生活的影响等。

临时占压:临时占压的土地主要包括工程取土场,土场临时征用的时间统称为2~3季,设计取土深度一般为1~2 m;评价内容主要包括土场的恢复方式、恢复现状、恢复效果以及对耕作和产量的影响等。

(2)生产条件评价。

交通条件:本期工程中的堤防帮宽、放淤固堤及堤顶防汛道路工程与黄河沿线居民的交通出行密切相关,工程中对上下堤的辅道以及连接沿黄村镇的交通道路、生产道路和防汛道路进行了改建或复建,本次对紧邻大堤、人口较多、居住相对密集的村镇的交通条件进行评价。

耕作条件:本期移民安置对受工程影响的专业项目进行了改建或复建,包括输变电设施、通信设施、水利设施以及水文设施等,对以上专业设施的恢复及建设情况进行评价,拟调查评价主要目标为东阿县、邹平市和垦利区项目。

（3）生活条件评价。

居住条件：重点针对搬迁后集中安置居民的居住用房的建设方式、居住面积、房屋类型、居住环境，建设新址的便利性、安全性以及基础设施条件，如水、电、路方面进行评价。同时对分散安置的居民进行以上方面的抽样调查。

经济条件：工程的实施对沿黄区域的总体环境、交通条件进行了较大的改善和提升，对受工程影响区域的经济发展情况进行评价；对受征地影响以及迁建安置居民的收入及经济条件进行评价。

（4）社会影响评价。

防洪工程移民安置项目受影响区域广、战线长、涉及人口多，不同的区域在发展水平、经济结构、居住条件、社会环境以及生活方式等方面差异较大，同时移民安置是一项政策性非常强的工作，为了保障移民安置群众的切身利益，需严格按照国家、行业以及地方的相关政策执行。移民安置项目在实施过程中以及实施完成后，对受工程影响及移民安置的群众进行满意度调查并做出评价，评价内容包括赔偿标准、安置方式、实施过程、安置效果、后续影响以及意见和建议等。

（5）环境影响评价。

防洪工程和移民安置工程实施完成后，移民安置区以及受工程影响区域的总体环境与当地居民的生活条件和生活质量密切相关，甚至会影响当地的经济发展，对工程实施后的水土保持情况、植被绿化情况进行评价。

（6）评价指标体系建立。

针对以上几个方面的研究内容，建立合理的评价指标体系，对移民工程实施后的效果和影响进行科学、客观的评价。指标体系的建立要重点围绕移民安置任务的主要实施内容，主要涉及征地及临时占压地处理，居民生产条件、生活条件，移民安置的社会满意度以及环境影响几个方面。针对每一项内容建立能如实反映客观现状和实际情况的具体指标，并具有可操作性，对建立的指标体系进行量化并赋予权重，通过数据模型进行综合分析与评价。

（7）现场调查和数据采集。

根据指标体系确定的影响移民生产生活的各种因素，制定能覆盖评价内容的详细的调查表，选取与评价内容相关的典型移民安置点进行现场调查。根据黄河下游近期防洪工程移民安置的规模、范围和实施内容，调查范围涵盖不同区域、不同类型、不同内容和不同水平的代表性安置点，通过数据采集、入户调查、现场查看等方式获得相关数据和资料。

（8）影响分析与评价。

以移民安置设计文件的调查资料和移民监测评估的本底调查资料为基础，作为移民安置前的原始生产生活状况和基础条件，通过实际调查的现状数据，依据评价指标体系的最终量化结果，在征地占地、生产生活、社会影响及环境影响等各个方面进行对比，对黄河下游防洪工程移民安置情况进行客观的反映和评价，从而最终为移民安置项目的设计、实施、管理提供建议。

1.4　研究方法和技术路线

1.4.1　研究方法

在项目后评价过程中,由于评价对象各目标涉及的范围不同,考虑问题的角度各异,这些目标一般都具有不同的性质,并且目标之间通常是相互冲突的,加之问题中既有定量信息又有定性信息、既有精确信息又有模糊信息,从而使得项目后评价问题变得较为复杂。为解决这类问题,人们进行了大量的理论研究和方法探索,目前已形成了多种评价方法。

实践证明,传统的方法和手段已难以胜任移民生产生活系统中涉及多因子、多层次的综合分析。因此,本书拟从系统论的观点出发,在分析众多的移民研究成果的基础上,结合对项目区实际状况的分析研究,提出黄河下游防洪工程移民安置影响评价的研究方法。主要采用层次分析法和模糊综合分析方法(FCE)。

1.4.1.1　层次分析法

层次分析法是一种定性分析和定量分析相结合的决策分析方法,能够把以人的主观判断为主的定性分析进行量化,便于用数值来显示各方案的差异,同时它也能够通过权重分析确定各个目标在项目总体评价中的重要性,克服了传统方法无法直观、简洁地分析和描述系统特点的缺陷。层次分析法能有效地处理那些难以抽象为解析形式数学模型的问题或难以完全用定量方法来分析的复杂问题,将复杂问题分解为若干层次,在比原问题简单得多的同一层次上,将人的主观判断用数量形式表达和处理。

1.4.1.2　模糊综合分析方法

模糊综合分析方法是一种基于模糊数学的用于涉及模糊因素对象系统的综合分析方法。该综合评价法根据模糊数学的隶属度理论把定性评价转化为定量评价,即用模糊数学对受到多种因素制约的事物或对象做出一个总体的评价。它具有结果清晰、系统性强的特点,能较好地解决模糊的、难以量化的问题,适合各种非确定性问题的解决。其优点是可对涉及模糊因素的对象系统进行综合分析,而不足之处是该方法过程本身并不能解决指标间相关造成的研究信息重叠问题。

模糊综合分析方法由于可以较好地解决综合分析中的模糊性(如事物类属间的不清晰性,专家认识上的模糊性),因而该方法在许多领域得到了极为广泛的应用。

1.4.1.3　利用层次分析法确定指标权重

指标权重是影响移民安置实施效果综合评价指数的一个重要因素,也是实施效果后评价的难点之一,层次分析法确定指标权重的方法和步骤如下:

(1)建立层次结构模型:认真细致地分析影响移民安置实施效果的各种因素,将这些因素划分为不同的层次,用框图形式说明层次的递阶结构与因素的从属关系。若某个层次包含较多因素,可将该层次进一步划分为若干个子层次。

(2)构造判断矩阵:判断矩阵的元素的值反映人们对各因素相对重要性的认识。

(3)计算权重向量:权重向量是由判断矩阵 $\boldsymbol{B}$ 求出的最大特征根所对应的单位特征

向量,常用的方法有两种:方根法和和积法。

(4)层次单排序及一致性检验:判断矩阵是针对上一层次而进行两两评比的评定数据,层次单排序就是把本层所有各元素对上一层来说,排出评比顺序,这就要在判断矩阵上进行计算。

(5)层次总排序及一致性检验:计算同一层次所有因素对于最高层次(总目标)相对重要性的排序数值,称层次总排序,由最高层到最低层逐层进行。

(6)确定各层指标的权重值:根据以上的逐层排序及一致性检验结果,可得出各层各指标权重值。

1.4.2　技术路线

本书以移民安置设计文件的调查资料和移民监测评估的本底调查资料为基础数据,拟在充分的资料收集和现场调查的基础上,建立合理的移民安置影响评价指标体系,并通过现场查看、调查问卷及入户调查等方式收集详尽的现状数据。基于层次分析法与模糊综合分析方法对各项评价指标的层次、分类、权重、分值进行量化,并通过研究各指标及指标体系的特征对移民安置前后的实施效果进行评价。技术路线见图 1-1。

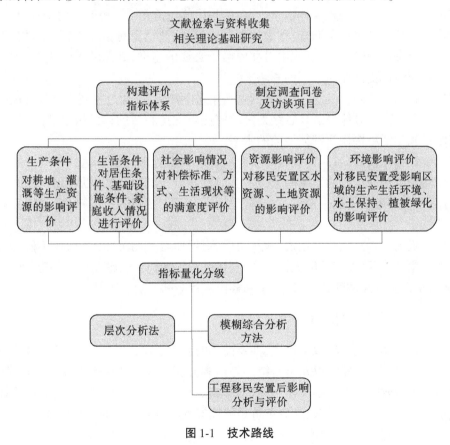

图 1-1　技术路线

第 2 章 移民安置后评价理论依据

2.1 移民安置后评价内涵

2.1.1 移民安置后评价的定义

移民,既可以是自然人,也可以是法人,还可以是自然人和法人的集合群体。他们生产、生活的基本设施被占用或是丧失谋生手段,这就意味着失去了基本的生活保障,因此必须对移民进行妥善安置,以保障他们继续生产活动的能力,或将其生活提高,或至少保持项目当前的水平。

移民安置:是指对移民的生产或生活进行一系列有组织、有计划的安排,它是项目业主单位所进行的一系列调查和补偿行为,包括移民分布情况与移民数量的调查、移民土地与房屋占用数量及分布情况调查、移民损失调查等,据此结果对移民进行土地划拨、房屋重建以及资金补偿,并在这个过程中对移民给予必要的帮助,确保移民的生产、生活不会因为项目的建设而受到任何不利的影响。

移民安置总的原则:保证移民原有的生活水平不降低,并通过发展生产使移民的生活水平逐年有所提高。具体办法是各级人民政府应当支持和帮助移民恢复和发展生产,使移民的生产和生活尽快恢复到征地前的水平。

水利工程移民安置后评价:就是对已完成的移民安置项目是否达到预期的效果以及产生的作用和影响所进行的系统的、客观的评价,并分析其以后的发展趋势,总结经验教训,为今后移民安置工作提供建议,以期合理地进行后期扶持,并对移民区经济发展提供对策与建议。

移民安置工作是一项政策性强、涉及面广、艰巨而复杂的工作,是水利工程建设中不可分割的一个部分,移民问题解决得好坏,直接关系到水利工程建设和运行管理能否顺利进行,能否正常发挥经济效益,直接关系到移民区社会的安定与团结。

2.1.2 移民安置后评价的内容

移民安置后评价是一项政策性强、涉及面广的系统工作,涉及移民安置的经济、社会、资源、政策、环境、管理、规划以及可持续性等诸多方面。根据移民安置项目具体特点,移民安置后评价的内容包括前期工作后评价、实施后评价、实施效果后评价、影响后评价和可持续性后评价。其中,实施效果后评价是移民安置项目后评价的核心内容。

2.1.2.1 移民安置实施后评价

移民安置实施后评价是指根据移民安置规划和移民安置方案对移民安置的实施情况进行分析评价,找出差距,分析原因。具体后评价内容包括移民安置的进度是否与计划一致、移民生产和生活安置方案的落实情况、移民各项补偿补助费用的拨付情况以及拨付标准是否与政策一致、被拆迁移民新安置点以及周边基础设施的建设情况、失地移民的就业安置和培训情况等。

2.1.2.2　移民安置效果后评价

移民安置效果后评价是指项目结束后对移民安置实际效果进行分析评价,根据移民安置规划及相关政策对移民的生产安置、生活安置、基础设施等方面设计一系列指标,将移民安置前后的效果进行对比,分析其产生的偏差及原因。主要内容包括项目完成后移民的生产能力、生活水平、就业收入、资源占有量以及公共设施迁建是否恢复或高于原来的水平。

2.2　移民安置后评价的政策依据

移民安置不仅是一个经济补偿问题,更是一个复杂的社会问题。涉及经济的恢复、社区的调整、道路及生态的重建、移民生活的适应等各个方面,能否做好移民安置工作直接关系到经济的发展、社会的稳定和环境的可持续发展。移民安置工作效果最终体现在移民生活环境是否得到了改善,经济收入是否得到了恢复或提高,社会互助网络的重建是否完成等方面。这些效果的好坏主要取决于移民安置政策法规的制定和执行的有效性。为此,我国制定了相关的法律法规和政策给予制度保障,这些法律法规和政策不仅是实施移民安置的指导性文件,也是对移民安置效果进行后评价的理论依据。征地拆迁的法律法规和政策框架如下所述。

2.2.1　土地所有权和使用权的规定

我国对土地所有权的规定在《中华人民共和国土地管理法》(2004 版)中有所体现,城市市区的土地归属于国家,农村和城市郊区的土地、宅基地、自留山除法律规定属于国家所有外,其他属于农民集体所有。

对于我国土地的使用权,《中华人民共和国物权法》(2007 版)第四十二条做出相关规定:为了公共利益的需要,依照法律规定的权限和程序可以征收集体所有的土地和单位、个人的房屋及其他不动产。征收集体所有的土地,应当依法足额支付土地补偿费、安置补助费、地上附着物和青苗的补偿费等费用,安排被征地农民实施社会保障费用,保障被征地农民的生活,维护被征地农民的合法权益。征收单位、个人的房屋或其他不动产,应当给予拆迁补偿,维护被征收人的合法权益;征收个人住宅的,还应当保障被征收人的居住条件。

2.2.2　关于补偿标准的规定

《中华人民共和国土地管理法》第四十八条规定,征收土地应当给予公平、合理的补偿,保障被征地农民原有生活水平不降低、长远生计有保障。征收土地应当依法及时足额支付土地补偿费、安置补助费以及农村村民住宅、其他地上附着物和青苗等的补偿费用,并安排被征地农民的社会保障费用。征收农用地的土地补偿费、安置补助费标准由省、自治区、直辖市通过制定公布区片综合地价确定。制定区片综合地价应当综合考虑土地原用途、土地资源条件、土地产值、土地区位、土地供求关系、人口以及经济社会发展水平等因素,并至少每三年调整或者重新公布一次。

《国务院关于深化改革严格土地管理的决定》(国发〔2004〕28号)第十二条规定,县级以上地方政府要采取切实措施,使被征地农民生活水平不因征地而降低。要保证依法足额和及时支付土地补偿费、安置补助费以及地上附着物和青苗补偿费。依照现行法律规定支付土地补偿费和安置补助费,尚不能使被征地农民保持原有生活水平的,不足以支付因征地导致无地农民社会保障费用的,省、自治区、直辖市人民政府应当批准增加安置补助费。

2.2.3 关于被征地农民安置途径的规定

《国务院关于深化改革严格土地管理的决定》(国发〔2004〕28号)第十三条规定,县级以上地方政府应当制定具体办法,使被征地农民的长远生计有保障。对有稳定收益的项目,农民可以经依法批准的建设用地土地使用权入股。在城市规划区内,当地人民政府应当将因征地而导致无地的农民,纳入城镇就业系统,并建立社会保障制度;在城市规划区外,征收农民集体所有土地时,当地人民政府要在本行政区内为被征地农民留有必要的耕作土地或安排相应的工作岗位;对不具备基本生产生活条件的无地农民,应当异地移民安置。

针对移民安置途径,《关于完善征地补偿安置制度的指导意见》(国土资发〔2004〕238号)第二条中规定,被征地农民可以在以下方式中做出选择:①农业生产安置。征收城市规划区外的农民集体土地,应当通过利用农民集体机动地、承包户自愿交回的承包地、承包地流转和土地开发整理新增加的耕地等,首先使被征地农民有必要的耕作土地,继续从事农业生产。②重新择业安置。应当积极创造条件,向被征地农民提供免费的劳动技能培训,安排相应的工作岗位。在同等条件下,用地单位应优先吸收被征地农民就业。征收城市规划区内的农民集体土地,应当将因征地而导致无地的农民,纳入城镇就业体系,并建立社会保障制度。③入股分红安置。对有长期稳定收益的项目,在农民自愿的前提下,被征地农村集体经济组织经与用地单位协商,可以以征地补偿安置费用入股,或以经批准的建设用地土地使用权作价入股。农村集体经济组织和农户通过合同约定以优先股的方式获取收益。④异地移民安置。本地区确实无法为因征地而导致无地的农民提供基本生产生活条件的,在充分征求被征地农村集体经济组织和农户意见的前提下,可由政府统一组织,实行异地移民安置。

2.2.4 关于征地信息公开的规定

《国务院关于深化改革严格土地管理的决定》(国发〔2004〕28号)第十四条对征地信息公开做出相关规定,要求在征地依法报批前,要将拟征地的用途、位置、补偿标准、安置途径告知被征地农民,而且对征地现状的调查结果也要经被征地村集体和农户确认,如确有必要,相关部门要组织听证。将确认后的相关材料作为征地报批的必备材料,征地事项批准后予以公示。要求加快建立和完善征地补偿安置争议的协调和裁决机制,维护被征地农民的合法权益。

《国务院关于深化改革严格土地管理的决定》(国发〔2004〕28 号)第十五条要求各级政府应按照土地补偿费主要用于被征地农民的原则,制定土地补偿费的收支和分配方案,并向村集体和农户予以公布,接受其监督。同时要求农业、民政部门加强对村集体内部补偿费用的分配和使用情况的监督。

2.2.5　关于水利工程移民安置补偿原则的规定

《大中型水利水电工程建设征地补偿和移民安置条例》(2017 修订版)第四条规定,建设征地补偿和移民安置应遵循下列原则:①以人为本,保障移民的合法权益,满足移民生存与发展的需求;②顾全大局,服从国家整体安排,兼顾国家、集体、个人利益;③节约利用土地,合理规划工程占地,控制移民规模;④可持续发展,与资源综合开发利用、生态环境保护相协调;⑤因地制宜,统筹规划。第十三条规定,对农村移民安置进行规划,应当坚持以农业生产安置为主,遵循因地制宜、有利生产、方便生活、保护生态的原则,合理规划农村移民安置点;有条件的地方,可以结合小城镇建设进行。

2.3　移民安置后评价资料依据

(1)黄河下游近期防洪工程建设初步设计——占地处理及移民安置规划设计专题报告。

(2)黄河下游近期防洪工程——山东省聊城市东阿县占地处理及移民安置实施方案专题报告。

(3)黄河下游近期防洪工程——山东省滨州市邹平市占地处理及移民安置实施方案专题报告。

(4)黄河下游近期防洪工程——山东省东营市垦利区占地处理及移民安置实施方案专题报告。

(5)黄河下游近期防洪工程(山东段)——占地处理及移民安置竣工验收监测评估报告。

(6)黄河下游近期防洪工程(山东段)——占地处理及移民安置东阿县竣工验收监测评估报告。

(7)黄河下游近期防洪工程(山东段)——占地处理及移民安置邹平市竣工验收监测评估报告。

(8)黄河下游近期防洪工程(山东段)——占地处理及移民安置垦利区竣工验收监测评估报告。

(9)黄河下游近期防洪工程(山东段)——占地处理及移民安置终验报告。

(10)实地调查取得的相关数据及资料。

第 3 章　黄河下游近期防洪工程移民安置概况(山东段)

3.1　移民安置规划情况及实施方案

3.1.1　工程建设占地影响情况

根据实施方案及山东黄河河务局工程建设中心与有关县(市、区)人民政府的实施机构签订的工程占地处理及移民安置调整补偿协议书,黄河下游近期防洪工程建设(山东段)工程占地 33 963.92 亩(1 亩＝1/15 hm²,全书同),其中永久占地 6 934.57 亩,临时占地 27 029.35 亩。

同时影响部分专项设施,如交通、电信、广播电视、输变电设施、水利设施及水文设施等。

3.1.2　移民安置规划情况

移民生活安置规划任务需搬迁安置 624 户 2 495 人,安置方式有本村集中安置、本村分散安置及社区集中安置,涉及 13 个单项工程,需要房屋拆迁面积 101 067.96 m²,其中主房 89 597.75 m²;移民生产安置任务是需要生产安置人口 4 055 人,安置方式是一次性补偿、集体统筹等。

3.1.3　移民安置实际实施情况

3.1.3.1　农村移民基本情况

根据《黄河下游近期防洪工程(山东东阿县)堤防加固工程占地处理及移民安置实施方案》等 12 本实施规划及山东黄河河务局工程建设中心与有关县(市、区)人民政府及其实施机构签订的协议书,农村移民基本情况包括工程占地处理及移民安置。其中,占地处理包括永久占地、临时占地及地面附着物清理、房屋拆迁及补偿工作等;移民安置包括移民生活安置和生产安置工作等。

3.1.3.2　农村移民安置方案

生活安置方案:①安置任务,到设计水平年(2013 年 5 月,下同),生活安置移民 624 户 2 495 人。后根据实际情况,任务变更为 615 户 2 454 人(主要是博兴县由 35 户 135 人变更为 26 户 94 人),实际完成 609 户 2 441 人(主要是阳谷县 9 户 24 人完成 3 户 11 人)。②安置方式,主要有本村分散安置、本村集中安置和社区集中安置 3 种。

生产安置方案:①安置任务,设计水平年生产安置人口 4 055 人,其中劳动力 2 592 人。②安置方式,有一次性补偿、本村调地和集体统筹安置 3 种。

3.2　移民生活安置实施情况

黄河下游近期防洪工程(山东段)农村移民生活安置包括新址征地、房屋建设及过渡期安置等。

3.2.1　新址征地

黄河下游近期防洪工程建设(山东段)涉及移民生活安置工作的 15 个单项工程涉及新址征地。新址征地有以下两种情况：

其一是实施征地,情况主要有 3 种:①本村分散安置利用村内原有空地调剂解决;②本村集中安置,统一划拨宅基地,例如东阿县毕庄村;③社区安置,移民宅基地入股社区占地,例如垦利区胜利社区。

其二是不实施征地或不在本村的分散安置,情况主要有 4 种:①已在县(市、区)或外地买房安置;②投亲靠友安置;③货币安置;④原有 2 处及以上房屋暂不需要安置等。

3.2.2　房屋建设

与宅基地征地情况类似,建房情况有以下两种情况:

其一是需要新建房屋,情况主要有 3 种:①本村分散建房;②本村集中建房;③社区买新房。这样的户数有 531 户,占拆迁户的 86.3%。

其二是不需要新建房,情况主要有已在县(市、区)或外地买房及货币安置等。这样的户数有 84 户,占拆迁户的 13.7%。

3.2.3　过渡期安置

所有需要生活安置的移民均实现了平稳度过过渡期,有关过渡期安置措施例如租房和过渡期生活补助等均已按照政策、标准得到了落实。

3.3　移民生产安置情况

3.3.1　占地处理实施情况

黄河下游近期防洪工程(山东段)占地处理包括永久占地的移交,临时占地的使用、复垦及交还原土地所有权人。

3.3.1.1　永久占地实施情况

黄河下游近期防洪工程(山东段)永久征地任务是 6 934.57 亩,变更后是 6 837.90 亩(垦利区帮宽工程 96.67 亩已无须实施),完成移交 6 837.90 亩,完成比例占变更后任务的 100.0%。

3.3.1.2　临时占地实施情况

黄河下游近期防洪工程(山东段)临时占地任务是 27 029.35 亩,变更后是 26 943.75

亩,完成 26 635.00 亩,完成比例占变更后任务的 98.9%,完成复垦及交还原土地所有权人 26 635.00 亩,占实际使用的 100.0%。

3.3.2　生产安置实施情况

黄河下游近期防洪工程(山东段)移民生产安置任务是 4 055 人,安置方式是一次性补偿、集体统筹等。

第 4 章　移民安置实施方案典型案例(东阿县)

4.1　实施方案原则与依据

4.1.1　实施方案原则

(1)坚持"以人为本"的原则,使征迁群众搬得出、稳得住、能发展。

(2)坚持对国家、对征地群众负责,实事求是、符合政策的原则,做到征迁安置与资源开发、环境保护与社会经济协调发展。征地补偿和拆迁安置,应遵循公开、公平和公正的原则,正确处理国家、集体、个人三者的利益关系。

(3)本阶段用地范围以施工设计图永久占地范围为依据确定。征地面积以建设局委托的测绘单位打桩定界测设成果为基础,县级国土部门复核结果为准;征用土地地类确定以国土部门召集,地籍测绘单位与设计单位会同乡(镇)政府共同确定的结果为准;土地权属以乡(镇)政府会同行政村组织共同确定的结果为准。

(4)坚持以大农业安置为主方针,充分发掘利用当地资源优势,在环境容量允许并且有持续发展条件的情况下,以本村安置为主。

(5)安置区选址应在黄河大堤背河保护区以外,避开不良地质及自然灾害区,严格控制地面附属物数量,避免因安置区选择产生二次搬迁。

(6)搬迁安置方案在生产安置的基础上完成,并与生产安置相协调,搬迁按照有利生产、方便生活的原则进行。居民点应选择在地质稳定、地形相对平缓,易于解决水、电、交通等配套服务设施的地点。

(7)企业、单位搬迁及专业项目复建坚持原规模、原标准、恢复原功能和节约用地的原则。新址选择应避开居民区、不良地质及自然灾害区,并应符合环保要求。

(8)以国家批复的初步设计投资总额为基础。征迁安置方案应经济合理、技术可行。因扩大规模、提高标准增加的投资,由相关单位自行解决。

4.1.2　实施方案依据

4.1.2.1　法律、法规

(1)《中华人民共和国水法》,2009 年 8 月 27 日。

(2)《中华人民共和国土地管理法》,2004 年 8 月 28 日。

(3)《中华人民共和国环境保护法》,1989 年 12 月 26 日中华人民共和国主席令第 22 号。

（4）《中华人民共和国河道管理条例》，1988 年 6 月 10 日国务院令第 3 号。

（5）《大中型水利水电工程建设征地补偿和移民安置条例》，2006 年国务院 679 号令。

（6）《基本农田保护条例》，1998 年国务院修订。

（7）《山东省黄河河道管理条例》，2008 年 8 月。

（8）山东省实施《中华人民共和国土地管理法》办法，2004 年 11 月省十届人大修正。

4.1.2.2　规程、规范

（1）《水利水电工程建设征地移民安置规划设计规范》（SL 290—2009）。

（2）《水利水电工程建设征地移民实物调查规范》（SL 442—2009）。

（3）《水利水电工程建设农村移民安置规划设计规范》（SL 440—2009）。

（4）《镇规划标准》（GB 50188—2007）。

（5）《土地利用现状分类》（GB/T 21010—2007）。

（6）《灌溉与排水工程设计规范》（GB 50288—1999）。

（7）《节水灌溉技术规范》（SL 207—1998）。

（8）其他相关规范和技术标准。

4.1.2.3　政府及部门文件

（1）山东省人民政府《关于禁止在黄河下游近期防洪工程占地区新增建设项目和迁入人口的通告》（2008 年 2 月发布）。

（2）《关于水利水电工程建设用地有关问题的通知》（国土资发〔2001〕355 号）。

（3）财政部、国家税务总局《关于耕地占用税平均税额和纳税义务发生时间问题的通知》（财税〔2007〕176 号）。

（4）《森林植被恢复费征收使用管理暂行办法》（财综〔2002〕73 号）。

（5）山东省人民政府《关于贯彻执行〈中华人民共和国耕地占用税暂行条例〉有关问题的通知》（鲁政字〔2008〕137 号）。

（6）山东省实施《中华人民共和国土地管理法》办法，2004 年 11 月省十届人大修正。

（7）山东省物价局、山东省财政厅、山东省国土资源厅《关于聊城等五市征地地面附着物和青苗补偿标准的批复》（鲁价费发〔2008〕40 号）。

4.1.2.4　技术文件和资料

（1）《黄河下游近期防洪工程建设初步设计占地处理及移民安置规划设计专题报告》（简称《初设规划报告》）。

（2）有关图纸：项目区 1∶2 000 地形图、安置区 1∶10 000 地形图和土地详查斑块图、工程设计永久征地坐标及平面图。

（3）东阿县 2009~2011 年国民经济统计资料。

（4）具有代表性的已建、在建工程设计资料。

（5）其他相关文件。

4.2 工作内容及设计深度

4.2.1 成果及有关资料

成果及有关资料主要包括实物复核成果资料、初设规划设计成果、相关图纸、土地详查资料、县乡村2009~2011年统计资料等。

4.2.2 实物调查、公示及复核

4.2.2.1 土地

根据项目区1:2000征地范围施工设计图纸并结合聊城市土地开发勘测大队勘测的《聊城黄河堤防加固工程(东阿段)勘测定界图》确定永久用地范围,将工程用地范围内的土地指标分解到行政村。

4.2.2.2 人口和户数

根据《水利水电工程建设征地移民实物调查规范》(SL 442—2009),据实核定搬迁人口及户数。

4.2.2.3 房屋、附属建筑物

对与初步设计范围一致的实物进行全面公示,若有异议,进行复核。

4.2.2.4 2008年5月后新增实物

对2008年实物调查后,工程征地范围内新增实物,根据山东省人民政府《关于禁止在黄河下游近期防洪工程占地区新增建设项目和迁入人口的通告》(2008年2月发布)要求执行。因施工方案设计阶段用地范围变化影响的各项实物纳入登记范围。

4.2.3 环境容量复核

以行政村为单位对环境容量进行复核,与初步设计不一致的,重新进行环境容量分析,环境容量满足要求的,作为选定安置区纳入实施方案报告。

4.2.4 生产安置

生产安置规划仅考虑永久征地对农村居民造成的影响问题。

(1)对征地范围内的土地资源逐块复核,以行政村为单位计算生产安置人口,结合项目区相关情况,确定生产安置任务。

(2)落实安置方式和安置去向。

(3)确定调地方案、调地方式。当工程征地对所有农户影响不大时,明确不再进行生产用地调整或在行政村内部调整。

(4)明确征地补偿补助费处理意见。

首先用于农田整治、水利工程建设等,着力解决被征地群众的生产安置问题,保证被征地群众拥有与本村组群众基本相当的生产条件。在此基础上,剩余土地补偿费可在调整生产用地涉及的范围内,按照《中华人民共和国村民委员会组织法》规定程序,制订具

体兑现方案,兑现给调整土地涉及的农户。

对征地数量很少,或征地后对其生产生活影响很小,或调整土地确有困难等情况,可采取其他渠道、制定相应措施予以妥善安置。其土地补偿费可在征地涉及的农户范围内,按照《中华人民共和国村民委员会组织法》规定程序,制订具体兑现方案,兑现给征地涉及的农户。

(5)落实生产安置措施。

工程永久占地区生产安置均采用种植业生产安置,主要为调整责任田,同时因地制宜进行种植业结构调整,并配套必要的水利设施,使其成为稳产高产良田。对于影响不大的征地村,只对本村内的土地进行重新承包即可;而对于永久占地影响较大的村,研究增加工程征地影响村的耕地容量。

(6)生产安置费用平衡。

生产安置补偿费和生产安置投资以行政村为单位计算,并进行费用平衡。

4.2.5　搬迁安置

(1)以行政村为单位确定搬迁安置人口。
(2)分散居民点安置,不落实具体建房位置,由县级人民政府组织实施。

4.2.6　征迁安置补偿投资

按照实施方案确定的实物指标,结合安置方案,根据初步设计批复确定的补偿标准,结合实施方案阶段对个别新增项目和个别单价的调整,编制移民占地安置补偿投资概算。

4.2.7　编制实施方案报告

编制征迁安置实施方案报告及相关附件。

4.3　工程建设用地范围

工程建设永久用地范围包括主体工程占地和管护区占地,主体工程永久用地含新征地和已征地两部分。工程永久占压实物调查范围应结合工程布置具体情况,充分考虑工程建设对地面附着物的影响综合确定。

4.3.1　用地范围确定原则

根据《水利水电工程建设征地移民安置规划设计规范》(SL 290—2009),考虑黄河下游工程建设特点,用地范围确定原则如下:
(1)主体工程征地。
新征地:以施工图设计成果为准。
已征地:以工程现状的外边界线为准。
(2)管护区征地。
依据《山东省黄河河道管理办法》,结合黄河两岸村庄分布情况合理确定。

①堤防加固工程,背河侧按照 10 m 征用,并抵减已征管护区征地宽度,工程建设后,管护地相应外延。

②由于向临河移新堤,涉及桩号 24+980~25+500 的 7 m 宽护堤地和桩号 47+600~48+530 的 30 m 宽防浪林,需要按 7 m 和 30 m 征用,工程建成后,护堤地和防浪林占地相应外延,工程不再设置管护地。

(3)工程影响区。

对工程建成后形成的无法耕种的边角地,或征迁群众虽居住在征地红线外,确因工程征地而失去对外交通的人口、房屋等实物均应列入占压影响处理范围,按工程影响区考虑。

4.3.2 用地范围

工程建设永久用地范围包括主体工程建设占地和管护区占地。东阿县堤防加固工程建设实际总长度 26 062 m,总征地面积 1 586.20 亩。

工程建设临时用地按使用性质划分为挖地和压地,其中挖地为工程取土料场用地,包括包边盖顶取土料场、黏土隔水层取土料场;压地包括施工道路、临时建房、施工仓库、排泥管、退水渠等用地。东阿县堤防加固工程建设总临时占地 2 827.72 亩,其中挖地 2 331.15 亩,压地 496.57 亩。

4.4 实物调查

工程占压实物是编制征迁补偿投资的基础资料。根据《大中型水利水电工程建设征地补偿和移民安置条例》,为保护群众合法权益,在实施方案阶段需对群众进行公示和必要复核工作。按照施工方案阶段确定的用地范围,对不需复核的实物以初步设计成果为准;需复核的,以复核后成果为准。

4.4.1 实物核定时限

按照工作计划安排,黄河下游近期防洪工程东阿县占地处理及移民安置实施方案编制工作于 2012 年 10 月初开始,实物核定时限确定为 2012 年 9 月 30 日。

4.4.2 实物成果公示及复核

由乡镇(办事处)人民政府张榜公示复核范围和方法。

公示地点:组集体及农村居民个人财产调查成果在本组范围内张榜公示,村集体财产调查成果在本村范围内张榜公示。

公示程序:实行三榜定案制。第一榜,公布实物调查成果后的 3 d 内,对公示内容有异议的,权属人提出复核申请,交村组负责人,由村组负责人交乡(镇)人民政府指定负责人。工作组统一对申请复核的实物进行复核。第二榜,针对复核申请完成的调查成果进行第二榜公示,公示时间为 3 d。对第一榜公示无异议的,不再进行公示。对第二榜公示调查成果仍有异议的,权属人在第二榜公示后的 3 d 内再次提出申请,程序同第一榜。第三榜,公示经第二次复核的调查成果,公示为 3 d,此榜为终示榜。凡经复核的实物,以复核结果为准。

经工作组复核的成果,户主及工作组人员在复核成果表上签字认可。

4.4.3　实物核定原则

根据工程确定的永久用地范围,以行政村为单位核定与原征地范围的变化情况。原征地范围内,实物以 2012 年 9 月为登记截止时限。对 2012 年实物调查后,因施工方案阶段用地范围变化影响的各项实物纳入登记范围,对原征地范围内新增实物根据山东省人民政府《关于禁止在黄河下游近期防洪工程占地区新增建设项目和迁入人口的通告》(2008 年 2 月发布)要求执行。

4.4.4　实物核定内容

实物核定内容分农村核定和专业项目核定两部分。

农村核定包括个人和集体两部分。个人部分主要包括人口、房屋、附属物、零星林木和坟墓五部分;集体部分包括土地、房屋、附属物、农副业设施和农村小型水利设施等。

专业项目核定包括交通、电力、电信、水文以及小型水利设施等。

4.4.4.1　农村部分

1. 人口

(1)居住在调查范围内,有住房和户籍的人口计为调查人口。

(2)长期居住在调查范围内,有户籍和生产资料的无住房人口。

(3)上述家庭中超计划出生人口和已结婚嫁入(或入赘)的无户籍人口计为调查人口。

(4)暂时不在调查范围内居住,但有户籍、住房在调查范围内的人口,如升学后户口留在原籍的学生、外出打工人员等。

(5)在调查范围内有住房和生产资料,户口临时转出的义务兵、学生、劳改劳教人员。

(6)户籍不在调查范围内,但有产权房屋的常住人口,计为调查人口。

(7)户籍在调查搬迁范围内,但无产权房屋和生产资料,且居住在搬迁范围外的人口,不作为调查人口。

(8)户籍在调查范围内,未注销户籍的死亡人口,不作为调查人口。

2. 房屋

1)房屋

(1)按房屋产权可分为居民私有房屋、农村经济组织集体所有房屋。

(2)根据项目区房屋结构类别,房屋分为砖混房、砖木房、混合房、土木房。

①砖混房:指砖或石质墙身、有钢筋混凝土承重梁或钢筋混凝土屋顶的房屋。

②砖木房:指砖或石质墙身、木楼板或房梁、瓦屋面的房屋。

③混合房:指一至三面为砖石墙身,其余墙身为土墙,木瓦屋面,三合土或混凝土地面的房屋。

④土木房:指木或土质打垒土质墙身、瓦或草屋面的房屋。

(3)按房屋用途分为主房和杂房。

①主房:层高(屋面与墙体的接触点至地面平均距离)不小于 2.0 m,楼板、四壁、门窗完整。

②杂房:拖檐房、偏厦房、吊脚楼底层等楼板、四壁、门窗完整,层高小于 2.0 m 的附属房屋。

(4)房屋建筑面积以平方米(m²)计算。房屋建筑面积按房屋勒脚以上外墙的边缘所围的建筑水平投影面积(不以屋檐或滴水线为界)计算。楼层层高(房屋正面楼板至屋面与墙体的接触点的距离)$H \geqslant 2.0$ m,楼板、四壁、门窗完整者,按该层的整层面积计算。对于不规则的楼层,分以下不同情况计入楼层面积:

①$1.8$ m$\leqslant H < 2.0$ m,按该层面积的 80% 计算。

②$1.5$ m$\leqslant H < 1.8$ m,按该层面积的 60% 计算。

③$1.2$ m$\leqslant H < 1.5$ m,按该层面积的 40% 计算。

④$H < 1.2$ m,不计算该层面积。

(5)屋内的天井,无柱的屋檐、雨篷、遮盖体以及室外简易无基础楼梯均不计入房屋面积。

(6)有基础的楼梯计算其一半面积。没有柱子的室外走廊不计算面积;有柱子的,以外柱所围面积的一半计算,并计入该幢房屋面积。

(7)封闭的室外阳台计算其全部面积,不封闭的计算其一半面积。

(8)在建房屋面积,按房产部门批准的计划建筑面积统计。

(9)房屋层高小于 2.0 m、基础不完整或未达到标准、四壁未粉刷、房顶未经防水处理或门窗不完整的按临时建房进行统计。

2)附属建筑物

附属建筑物包括围墙、门楼、水井、晒场、粪池、地窖、水窖、蓄水池、沼气池、禽舍、畜圈、厕所、堆货棚等,不同项目以反映其特征的相应单位计量。

3)房屋内外装饰

房屋复核时对不同结构房屋的内外装饰进行调查,房屋内外装饰的具体情况在分户实物调查卡片上进行标注。

3. 土地

土地调查分类参照《土地利用现状分类》(GB/T 21010—2007),结合黄河下游的具体情况,土地一级分类共设 4 类。

(1)耕地。指种植农作物的土地,包括熟地,新开发、复垦、整理地,休闲地(含轮歇地、轮作地);以种植农作物(含蔬菜)为主,间有零星果树、桑树或其他树木的土地;平均每年能保证收获一季的已垦滩地。临时种植药材、草皮、花卉、苗木等的耕地,以及其他临时改变用途的耕地。耕地中宽度小于 2.0 m 固定的田间沟、渠、道路和田埂(坎),复核时应按相应地类计列。

①水浇地:指有水源保证和灌溉设施,在一般年景能正常灌溉,种植旱生农作物的耕地。

②菜地:指常年种植蔬菜的耕地,包括一般菜地和种植蔬菜的非工厂化的大棚用地。

③旱地:指无灌溉设施,主要靠天然降水种植旱生农作物的耕地。包括没有灌溉设施,仅靠引洪淤灌的耕地。旱地可分为旱平地、坡地、陡坡地。

④河滩地:指平均每年能保证收获一季的已垦滩地。

(2)园地。是指种植以采集果、叶、根茎等为主的集约经营的多年生木本和草本作物,覆盖度大于50%或每亩株数大于合理株数70%的土地,包括用于育苗的土地。

①果园:种植果树(葡萄、苹果、梨、桃等)的园地。

②其他园地:指种植桑树、胡椒、药材等其他多年生作物的园地。

(3)林地。指生长乔木、竹类、灌木的土地。包括迹地,不包括居民点内部的绿化林木用地,铁路、公路征地范围内的林木,以及河流、沟渠的护堤岸林。

①有林地:指树木郁闭度≥20%的乔木林地,包括红树林地和竹林地。

②灌木林地:指灌木覆盖度≥40%的林地。

③其他林地:包括疏林地(指树木郁闭度≥10%但小于20%的林地)、未成林地、迹地、苗圃等林地。

(4)住宅水利设施等用地。主要包括住宅用地、商服用地、水利设施用地、交通运输用地和其他土地。

①住宅用地:农村宅基地,主要用于人们生活居住的房基地及其附属设施的土地。

②商服用地:指主要用于商业、服务业的土地。

③水利设施用地:主要为沟渠,是指人工修建用于引、排、灌的渠道和闸、扬水站等建筑物用地,包括渠槽、渠堤等。

④交通运输用地:主要为公路用地,指用于国道、省道、县道和乡道的用地。包括设计内的路堤、路堑、道沟、桥梁、汽车停靠站、林木及直接为其服务的附属用地。

⑤其他土地:主要有设施农用地,是指直接用于经营性养殖的畜禽舍、工厂化作物栽培或水产养殖的生产设施用地及其相应附属用地,农村宅基地以外的晾晒场等农业设施用地。

4.4.4.2　专业项目

专业项目包括交通、输变电、电信、广播电视、水利设施、各类管道、水文站点、测量永久标志、军事设施等。

1. 公路调查

(1)公路分为等级公路和机耕路。等级公路应按交通部门的技术标准划分;机耕路是指四级公路以下可以通行机动车辆的道路。

(2)公路调查内容包括线路的名称、起止点、长度、权属、等级、建成通车时间、总投资等;受征地影响路段的长度和起止地点,路基和路面的最低、最高高程和宽度,路面材料、设计洪水标准等。

2. 输变电设施调查

(1)输变电设施是指电压等级在 10 kV(或 6 kV)及以上线路和变电设施。

(2)输变电设施调查内容。

①输电线路:包括征地涉及线路的名称、权属、起止点、电压等级、杆(塔)形式、导线类型、导线截面等,受征地影响线路段长度、铁塔高度和数量等。

②变电设施:包括变电站(所)名称、位置、权属、占地面积、地面高程、电压等级、变压器容量、设备型号及台数、出线间隔和供电范围、建筑物结构和面积,构筑物名称、结构及数量等。

3. 电信工程设施调查

(1)电信工程设施是指电信部门建设的电信线路、基站及其附属设施。

(2)电信工程设施调查内容:包括征地涉及的线路名称、权属、起止点、等级、建设年月、线路类型、容量、布线方式、受征地影响长度等。

4. 水利设施调查

水利设施调查内容:包括项目名称、位置、权属、建成年月、规模、效益,建筑物名称、高程、数量、结构、规格,受益区受影响程度,职工人数等。

5. 水文设施调查

水文设施调查内容:包括 GPS 基点、三等水准点、四等水准点、断面标志杆(塔)、远程监控杆、水尺等。

4.4.5 实物核定方法

原用地范围内实物采用初步设计成果,对施工方案设计阶段用地范围变化影响的各项实物进行复核,汇总后的实物复核成果,纳入实施方案中,并由县级人民政府组织公示,对用地范围内居民、单位及专项等反映的错登、漏登问题,在实施阶段解决,最终复核成果,县人民政府要以书面形式对实物指标进行认证。

4.4.5.1 农村部分

1. 人口

以 2008 年实物调查成果为基础,以户为单位,对变化人口逐人核实。

(1)被复核户以调查时的户籍为准。复核内容包括被调查户的户主姓名、家庭成员、与户主关系、出生日期、民族、文化程度、身份证号码、户口性质、劳动力及其就业情况等。

(2)调查人员查验被复核户的房屋产权证、户口簿、土地承包册等。户籍不在调查范围内的已婚嫁入(或入赘)人口,查验结婚证、身份证后予以登记;对超计划出生无户籍人口,在出具出生证明或乡级人民政府证明后予以登记。

2. 房屋及附属物

以户为单位进行复核,房屋以砖混、砖木、混合、土木、杂房和简易房等结构分类逐幢实地丈量并绘制平面图;按墙面装修、地面装修、天棚装饰、门窗等设施项目对有装修的部分进行丈量登记;丈量和登记各类附属建筑物;分户建立实物调查卡片。

原则上以 2008 年实物调查成果为准,对错登、漏登等问题,在实施过程中,通过复核、公示后,以复核后的指标为准。

对于院落(含围墙)在征地范围内的农村居民的房屋及附属物,以户为单位按初设成果计列;对于院落(含围墙)在征地范围外且不影响出行的农村居民户的房屋及附属物,实施方案不予考虑。

对征地范围变化的房屋进行详细复核。

对农村居民宅基地里新增的房屋及附属物,原则上仅考虑拆除及有用物资回收处理费用;对宅基地外新建的生产用房,需进行全面调查,按拆除及有用物资回收费用处理,对新增加的新建房屋一律不予处理。

3. 土地

1) 土地总面积

用地范围以施工设计图永久占地范围为依据确定。征地面积以建设局委托的测绘单位打桩定界测设成果为基础,经县级国土部门复核结果为准;征用土地地类确定,以国土部门召集,地籍测绘单位、监理单位与设计单位会同乡(镇)政府共同确定的结果为准;土地权属以乡(镇)政府会同行政村组织共同确定的结果为准。

土地面积以水平投影面积为准,统计面积采用亩,同时建立以行政村、组为单位的土地面积数据库。

对每幅图的量算成果进行图幅内平差,允许误差 $-0.0025P<F<0.0025P$(F 为图幅理论面积允许误差,P 为图幅理论面积)。

2) 分村面积

迁占办会同有关部门(国土、林业等)、乡镇、村委及群众代表,一起现场落实征地行政地界线、地类分界线和必要的线状地物,落实土地权属。根据现场调查核实结果,分行政村、组量算各类土地面积。当分户丈量后总面积大于量算面积时,按量算面积控制,分户面积按比例相应折减;分户丈量后总面积小于量算面积时,据实计列。

园地或林地(含天然林)面积大于 0.3 亩(含 0.3 亩)或林带冠幅的宽度 10 m 以上的成片土地按面积计算;园地或林地不符合以上规定的按株数或丛(兜)数计量,统计为零星林(果)木,其面积计入其他农用地地类。

未纳入初步设计的新增鱼塘,原则上按拆除及有用物资回收处理,可根据鱼塘的现状分类,提出处理意见,对实际经营的鱼塘,按生产经营成本给予适当处理费用。

4. 小型水利设施

村组集体或个人兴建的渠道、机井、大口井、抽水站等,在分清权属后,按建(构)筑物类别和数量,逐项调查登记。田间配套设施不做调查。

5. 其他项目调查

坟墓以村为单位按初设批复数量为基础,在实施过程中按实际发生数量兑付。

零星树按胸径划分为以下三个标准:

(1)小树:胸径<10 cm。

(2)中树:胸径在 10~20 cm 之间。

(3)大树:胸径>20 cm。

果树分为盛果和幼果两个标准。

4.4.5.2　专业项目

1. 内容

专业项目包括通信、广播电视等,复核的主要内容是设施的数量、规格等技术指标。

2. 方法

由设计单位将工程占地范围图和断面图提供给产权部门,专项产权部门对涉及的线路逐条(处)描绘到占压范围图上,并填写调查表,由设计单位复核,最终调查表分别由产权单位负责人签字盖章、调查人员签字。

4.4.6　实物成果

工程建设永久征地涉及聊城市东阿县 5 个乡镇(办事处)的 35 个村。涉及刘集镇的前关山村、后关山村等 5 个村,鱼山镇的东于庄村、南王村等 6 个村,铜城办事处的前张村、孙道口村等 4 个村,大桥镇的李坡村、井圈村等 12 个村,牛角店镇的夏码头村、周门前村等 8 个村。总征地面积 1 586.20 亩。

工程建设涉及聊城市东阿县 4 个乡镇(办事处)的 19 个村的房屋搬迁,其中鱼山镇 5 个村,铜城办事处 1 个村,大桥镇 10 个村,牛角店镇 3 个村。总拆迁面积 40 210.52 m²。另外涉及树株、坟墓等其他附着物。

4.4.6.1　农村部分

1. 土地

工程建设永久用地规模为 1 586.20 亩,其中耕地 718.29 亩,塘地 35.34 亩,林地 691.37 亩,非生产用地 141.20 亩。整个项目区土地权属清晰,无土地权属纠纷。

2. 人口、房屋及附属建筑物

项目区涉及东阿县 4 个乡镇(办事处)的 19 个村 289 户 1 117 人。拆迁房屋面积 40 210.52 m²,其中砖混房 11 980.03 m²,砖木平房 19 407.08 m²。影响零星果树 4 195 株,材树 311 342 株,坟墓 674 座。

3. 小型水利设施

建设征地范围内共有机井 75 眼、大口井 30 眼、抽水站 2 处。

4.4.6.2　专业项目

1. 交通设施

交通设施主要是上下堤辅道,堤防加固后堤身对应变宽,原上堤路口将对应延伸、抬高。根据调查需要恢复四级公路 12.75 km,为柏油路面,路基宽 6.5~8.5 m,路面宽 4~6 m,均为穿堤辅道;恢复生产桥 809.94 m²。

2. 输变电设施

工程建设占压影响的输变电设施是整个设施的一部分,在工程建设期间,必须根据淤区建设的进度对输变电线杆不断地进行拔高处理,以保证工程建设不影响项目区周边居民的生产生活。

工程建设影响 10 kV 线路 2.85 km。

3. 电信设施

工程建设占压影响的电信设施是整个设施的一部分,在工程建设期间,必须根据淤区建设的进度对输变电线杆不断地进行拔高处理,以保证工程建设不影响项目区电信设施的正常运行。

工程建设影响通信电缆 5.25 km,国防通信光缆 1.15 km。

4. 水利设施

工程建设占压到前苦山、夏沟、井圈、小邵等村庄灌排渠道 3.47 km。

5. 水文设施

工程建设占压到项目区中 GPS 基点、三等水准点、四等水准点、断面标志杆(塔)、远程监控杆、水尺等。

4.4.7　实物核定成果认定

最终实物复核成果首先由权属人按以下要求签字确认：

(1)属于农村的实物,由户主签字。

(2)属于农村集体经济组织的实物,由负责人签字并加盖公章。

(3)属于企业的实物,由企业法人代表签字并加盖公章。

(4)属于机关事业单位的实物,由单位负责人签字并加盖公章。

乡(镇)、村干部、迁占办、监理等进行签字认可,最终成果由地方政府签署意见。

4.4.8　实物成果对比分析

实施方案阶段实物调查工作是严格按照《水利水电工程建设征地移民安置规划设计规范》(SL 290—2009)的有关要求开展的,由设计单位、东阿县黄河防洪工程移民迁占管理办公室、工程监理、地方有关部门及相关村组负责人共同参加完成,实物调查成果达到实施阶段深度,并通过了公示、复核、确认等程序,进一步提高了成果质量精度,取得了群众、地方政府和建设业主认可,可以作为制订征迁安置实施方案和编制补偿投资的依据。

4.5　生产安置实施

4.5.1　实施原则

(1)农村生产安置以土地为基础,以调整农业产业结构、提高土地产出为手段,以征地农民生活水平不低于其原有水平,并以与安置区原居民同步发展为目标。

(2)安置群众的土地以有偿调整为主,以不降低原居民的生活水平为原则,通过配套农田水利设施、发展高新农业等手段提高土地产出效益,扩大生产安置环境容量。

(3)征迁安置方案同区域经济发展和生态保护相结合,通过生产、生活设施建设,促进安置区和原居民基础产业的发展,为征地农民和原居民生活水平的提高创造条件。

(4)生产用地的地块划拨由安置地人民政府落实,应尽量选择水土条件较好,交通便利、区位较好的地方。生产用地划拨坚持集中连片、质量均衡、耕作半径适中的原则,切实维护群众合法权益。调整老居民承包地时,调地比例应尽量减少对老居民生产生活的影响。

(5)重视征地农民的教育和技术培训,提高其劳动力技术水平,鼓励引进和吸收先进科技成果,提高安置区生产力水平。

4.5.2　安置标准

根据工程所在地人均基本口粮 460 kg/a 的标准及安置区基准年平均亩产量(水浇地 914 kg/亩),采用的生产安置标准为征地农民人均耕地一般不低于 0.7 亩。

(1)原人均耕地小于上述标准且在本组或相邻组安置的征地农民,安置标准应不高于原有水平。

(2)在集镇周围或经济较为发达,不以土地为唯一谋业手段的征地农民,可根据居民意愿，结合当地实际情况，适当降低土地安置标准。

（3）安置征地农民的耕地包括小于 2 m 的固定沟、渠、路和坎。

（4）生产用地质量与当地群众大体相当。

4.5.3　生产安置人口复核

4.5.3.1　工作程序

1. 第一步

以行政村为单位计算生产安置人口理论值，计算公式为

$$生产安置人口 = 征收耕地面积 \div 征收前人均耕地面积$$

2. 第二步

将计算的生产安置人口理论值提交各乡（镇）人民政府，乡（镇）人民政府充分征求行政村及群众意愿后，提出安置方案。

3. 第三步

设计单位根据到户资料，对生产安置人口进行最后修正。

4.5.3.2　复核的生产安置人口

东阿县实施方案阶段工程征地涉及 5 个乡镇（办事处）35 个村。生产安置人口 1 528 人。东阿县农村生产安置人口计算表见表 4-1。

表 4-1　聊城市东阿县农村生产安置人口计算表

工程标段及工程桩号	涉及村庄	总人口/人	总耕地/亩	人均耕地/亩	工程占压耕地/亩	生产安置人口/人
一标 9+800~13+000 17+680~18+100	小计	8 415	7 524	0.90	342.11	614
	前关山	2 648	1 021	0.39	166.41	427
	后关山	1 605	1 157	0.72	76.08	106
	前苫山	1 243	1 520	1.22	41.50	35
	西苫山	1 256	1 614	1.29	50.60	40
	东苫山	1 663	2 212	1.33	7.52	6
二标 21+400~22+100 22+100~27+000	小计	2 949	3 783	1.33	395.15	310
	南王	167	202	1.21	20.04	17
	东于庄	184	207	1.13	26.28	24
	前殷	263	328	1.25	37.53	31
	后殷	694	853	1.23	139.90	114
	南城	471	774	1.64	29.88	19
	北城	440	651	1.48	113.02	77
	前张	730	768	1.05	28.50	28

续表 4-1

工程标段 及工程桩号	涉及村庄	总人口/人	总耕地/亩	人均耕地/ 亩	工程占压 耕地/亩	生产安置 人口/人
三标 28+100~35+000 37+600~44+200	小计	11 204	16 564	1.51	478.86	325
	前张	730	768	1.05	1.27	2
	孙道口	1 028	1 736	1.69	78.40	47
	张道口	750	1 243	1.66	40.30	25
	汝道口	467	794	1.70	35.07	21
	艾山	1 339	1 986	1.48	4.53	4
	井圈	575	1 120	1.95	70.87	37
	李坡	192	263	1.37	4.93	4
	姜庄	145	268	1.85	15.39	9
	郭口	946	890	0.94	26.03	28
	于窝	1 152	994	0.86	41.84	49
	毕庄	1 592	2 662	1.67	65.38	40
	大义屯	1 570	2 715	1.73	44.04	26
	大生	718	1 125	1.57	50.81	33
四标 46+680~53+500 55+800~59+200	小计	7 484	9 607	1.29	334.74	279
	孙溜	746	1 118	1.50	16.24	11
	湖西	825	1 051	1.27	51.40	41
	王洼	931	1 081	1.16	24.03	21
	夏码头	711	986	1.39	30.42	22
	周门前	499	569	1.14	44.37	39
	董圈	440	535	1.22	43.93	37
	朱圈	834	1 019	1.22	18.08	15
	夏沟	815	818	1.00	22.23	23
	陶嘴	513	501	0.98	43.35	45
	小邵	81	207	2.56	10.65	5
	付岸	1 089	1 722	1.58	30.04	20
总计		30 052	37 478	1.26	1 550.86	1 528

4.5.3.3　生产安置人口

1. 基准年

初步设计批复工程建设占压及影响实物成果复核登记截止时限为 2011 年 5 月底,因此基准年取 2011 年 5 月。实物核定时间为 2012 年 10 月。

2. 实施设计水平年

2013 年 6 月为征迁安置实施设计水平年。

3. 人口自然增长率

生产安置人口计算 1 年的增长人口,人口自然增长率取 5.2‰。

$$生产安置人口 = 复核生产安置人口 \times (1 + 5.2‰)$$

以行政村为单位计算,实施生产安置人口 1 544 人。

4.5.4　环境容量复核

根据征迁安置指导思想和选定安置区的特点,以土地承载容量和水环境容量为主对安置区环境容量进行分析。

4.5.4.1　土地承载容量

土地承载容量是建立在土地评价的基础上,综合考虑土地资源质量和数量、投入水平、人均消费水准等社会经济因素,选取以粮食占有量为指标的容量计算模式,计算公式如下:

$$P = \sum_{i=1}^{n} P_i$$
$$P_i = Y_i / L_i$$

式中:P 为区域的土地承载人口;P_i 为以行政区为单位的土地承载人口;Y_i 为该区域(地区)水平年粮食总产量;L_i 为水平年人均粮食占有量;i 为行政区序号;n 为行政区个数。

有关指标选取计算如下:

(1)Y_i。该区域(地区)水平年粮食总产量:以各村 2008~2010 年统计资料为基础,根据三年平均粮食亩产量和 2010 年末实有耕地数量计算出设计基准年粮食总产量。然后在充分考虑正常耕地递减及耕地单产的逐年增加等因素的影响的基础上(耕地单产年增长系数采用 2.5%,耕地正常年递减系数 0.2%),计算出设计水平年粮食总产量。

经计算,项目区征地涉及的 35 个村的总耕地为 37 478 亩,扣除工程占压和正常耕地递减的 1 550.86 亩,剩余耕地为 35 927.14 亩,按照水平年安置区各村耕地亩产量计算,设计水平年安置区各村粮食总产量为 29 370 t。

(2)L_i。采用农民家庭人均最低耗粮指标,参照项目区"十二五"计划指标,综合选取加权平均值为 460 kg/人。

(3)P(区域的承载人口)。安置区总人口为 30 052 人,按人口自然增长率长期控制指标(山东省为 5.2‰)推算,设计水平年人口为 30 368 人。根据上述指标,以行政村为单位计算,设计水平年安置区粮食人口容量为 63 845 人,扣除安置区水平年人口后,水平年剩余人口容量达 30 368 人,与项目区征迁安置任务 62 845 人相比富裕 33 477 人,若考虑项目区大量的园地和鱼塘等安置因素,则容量更大。

聊城市东阿县农村环境容量分析情况详见表 4-2。

表 4-2　聊城市东阿县农村环境容量分析情况

工程标段	涉及村庄	设计基准年				设计水平年				土地承载力	
		总人口/人	总耕地/亩	粮食亩产/kg	粮食总产/t	人口/人	耕地/亩	粮食亩产/kg	粮食总产/t	人口容量/人	富裕人口/人
一标	小计	8 415	7 524.00	1 458	9 757	8 503	7 181.89	1 532	9 517	20 689	12 186
	前关山	2 648	1 021.00	2 874	2 934	2 676	854.59	3 019	2 580	5 609	2 933
	后关山	1 605	1 157.00	1 615	1 868	1 622	1 080.92	1 697	1 834	3 987	2 365
	前苫山	1 243	1 520.00	991	1 507	1 256	1 478.50	1 041	1 539	3 346	2 090
	西苫山	1 256	1 614.00	937	1 513	1 269	1 563.40	984	1 538	3 343	2 074
	东苫山	1 663	2 212.00	875	1 935	1 680	2 204.48	919	2 026	4 404	2 724
二标	小计	2 949	3 783.00	694	2 698	2 981	3 388.00	729	2 545	5 533	2 552
	南王	167	202.00	649	131	169	181.96	682	124	270	101
	东于庄	184	207.00	638	132	186	180.72	670	121	263	77
	前殷	263	328.00	649	213	266	290.47	682	198	430	164
	后殷	694	853.00	680	580	701	713.10	714	509	1 107	406
	南城	471	774.00	621	481	476	744.00	652	485	1 054	578
	北城	440	651.00	728	474	445	537.98	765	412	896	451
	前张	730	768.00	895	687	738	740.00	940	696	1 513	775
三标	小计	11 204	16 564.00	762	12 014	11 322	16 085.14	800	12 253	26 637	15 315
	前张	730	768.00	895	687	738	766.73	940	721	1 567	829
	孙道口	1 028	1 736.00	836	1 451	1 039	1 657.60	878	1 455	3 163	2 124
	张道口	750	1 243.00	822	1 022	758	1 202.70	864	1 039	2 259	1 501
	汝道口	467	794.00	890	707	472	758.93	935	710	1 543	1 071
	艾山	1 339	1 986.00	829	1 647	1 353	1 981.47	871	1 726	3 752	2 399
	井圈	575	1 120.00	696	779	581	1 049.13	731	767	1 667	1 086
	李坡	192	263.00	844	222	194	258.07	887	229	498	304
	姜庄	145	268.00	754	202	147	252.61	792	200	435	288
	郭口	946	890.00	760	676	956	863.97	798	689	1 498	542
	于窝	1 152	994.00	527	524	1 164	952.16	554	527	1 146	−18
	毕庄	1 592	2 662.00	606	1 613	1 609	2 596.62	637	1 654	3 596	1 987
	大义屯	1 570	2 715.00	542	1 471	1 586	2 670.96	569	1 520	3 304	1 718
	大生	718	1 125.00	900	1 013	725	1 074.19	946	1 016	2 209	1 484

续表 4-2

工程标段	涉及村庄	设计基准年				设计水平年				土地承载力	
		总人口/人	总耕地/亩	粮食亩产/kg	粮食总产/t	人口/人	耕地/亩	粮食亩产/kg	粮食总产/t	人口容量/人	富裕人口/人
四标	小计	7 484	9 607.00	511	4 980	7 562	9 272.26	537	5 054	10 986	3 424
	孙溜	746	1 118.00	527	589	754	1 101.76	554	610	1 326	572
	湖西	825	1 051.00	632	664	834	999.60	664	664	1 443	609
	王洼	931	1 081.00	577	624	941	1 056.97	606	641	1 393	452
	夏码头	711	986.00	427	421	718	955.58	449	429	933	215
	周门前	499	569.00	432	246	504	524.63	454	238	517	13
	董圈	440	535.00	462	247	445	491.07	485	238	517	72
	朱圈	834	1 019.00	712	726	843	1 000.92	748	749	1 628	785
	夏沟	815	818.00	444	363	823	795.77	466	371	807	−16
	陶嘴	513	501.00	505	253	518	457.65	531	243	528	10
	小邵	81	207.00	464	96	82	196.35	487	96	209	127
	付岸	1 089	1 722.00	436	751	1 100	1 691.96	458	775	1 685	585
总计		30 052	37 478.00	3 425	29 449	30 368	35 927.52	899.5	29 369	63 845	33 477

4.5.4.2 环境容量复核结论

根据确定的征迁安置方案,经环境容量分析,选择的安置区土地容量充足,环境容量能够满足征迁安置需要;安置区地下和地表水资源条件优越,基础设施完善,可以满足居民生产、生活需要,安置区的选择是适宜的,也得到了居民和当地政府的认可。

4.5.5 生产安置

4.5.5.1 安置去向

根据征迁安置指导思想及实施原则,充分听取东阿县征迁机构、刘集镇政府、鱼山乡政府、铜城办事处、大桥镇政府、牛角店镇政府和 35 个村的意见,经环境容量分析,本村具备安置条件,确定生产安置人口的安置去向为本村安置,被征地村既是工程建设区,也是安置区。

4.5.5.2 安置方式

安置方式主要采用以下三种方式。

1. 一次性补偿

采取直补到户,按照《中华人民共和国村民委员会组织法》规定程序,兑现给调整土地涉及的农户,不再进行生产用地的平衡调整,居民利用征地补偿费,结合自身实际情况,自主选择发展方式。该方式主要针对人均失地少的村、组。

2. 本村调地

按照《中华人民共和国村民委员会组织法》规定程序,村组内所有成员平均分配征地补偿及安置补助费,然后进行土地平衡调整,居民利用土地补偿补助资金改善种植结构、提高种植技术,并自主选择发展家庭型养殖业或运输业。该方式主要针对人均失地相对较多的村、组。

　　3. 集体统筹

　　土地补偿费由集体留存并统一使用,主要用于村、组内公共基础设施建设和农业结构调整,大力发展规模化蔬菜大棚种植和养殖,以提高农民生活水平。

4.5.5.3　安置方案的确定

　　在工程永久占压的各行政村提出生产安置方案基础上,通过乡人民政府审核,由征迁机构核准后,暂按初步设计确定有 15 个村(后关山、东苫山、范坡、东于庄、南旧城、汝道口、艾山、李坡、姜庄、孙溜、夏码头、朱圈、夏沟、邵庄、付岸)采用一次性补偿安置方式;有 19 个村(关山、前关山、西苫山、南王、前殷、前张、孙道口、后张、井圈、郭口、于窝、毕庄、大义屯、大生、湖溪渡、王洼、周门前、董圈、陶嘴)采用本村调地的安置方式;有 2 个村(后殷、北旧城)采用集体统筹的安置方式。实施过程中根据实际情况,由本村和乡政府协调确定安置方案。

4.5.5.4　其他措施实施

　　按照《中华人民共和国村民委员会组织法》规定程序,完成征地补偿及安置补助费的兑付工作,并组织村民进行技术培训。村民利用土地补偿补助资金改善种植结构、提高种植技术,并自主选择发展家庭型养殖业或运输业。

4.6　农村居民点安置实施方案设计

4.6.1　实施原则

　　农村居民点实施方案设计任务是结合生产措施,合理布局新居民点,做到有利于生产,便于生活。居民点迁建遵循以下原则:

　　(1)农村居民点选址应满足建设社会主义新农村的要求,应与县域村镇体系规划及土地利用总体规划相协调。

　　(2)尊重地方各级政府及居民意见,在环境容量允许的前提下,以本村安置为主,不打乱原村组建制,以便于管理。按照有利生产、方便生活的原则,落实建房方式和建房地点。

　　(3)依据《镇规划标准》(GB 50188—2007)和《山东省土地管理法实施办法》,结合原居民点的实际情况,确定农村居民点性质和发展规模。

　　(4)居民点建设规划应与区域周边环境及有关规划紧密衔接,充分考虑区域发展条件,因地制宜、合理布局,统筹安排各类基础设施,充分发挥补偿资金效益,方便居民生产生活。

　　(5)依据《中华人民共和国公路法》第十八条,规划和新建村镇、开发区,应当与公路保持规定的距离并避免在公路两侧对应进行,防止造成公路街道化,影响公路的运行安全与畅通。

　　(6)应避开山洪、风口、滑坡、泥石流、洪水淹没、地震断裂带等自然灾害影响的地段;

并应避开自然保护区、地下采空区和有开采价值的地下资源区域。

(7)居民点选择应和生产条件、地形地质、水源、交通条件相结合, 宜选在水源充足、水质良好、便于排水、对外交通便利、通风向阳和地质条件适宜的地段,方便居民生产生活。

(8)宜避免被铁路、重要公路和高压输电线路所穿越。

(9)注意近远期结合,考虑人口增长和耕地减少等因素,留有适当的发展余地。

(10)保护生态环境,防止水土流失。

4.6.2　居民点安置任务

设计水平年项目区需建房安置人口 291 户 1 117 人,涉及 4 个乡镇(办事处)19 个行政村,由于各乡镇未确定移民安置位置和安置方式,暂按分散安置确定。

东阿县农村居民建房安置方式详见表 4-3。

表 4-3　东阿县农村居民建房安置方式

标段	村庄	设计基准年		设计水平年		安置方式
		户数	人口/人	户数	人口/人	
二标	东于庄	20	46	20	47	本村分散安置
	前殷	17	80	17	81	本村分散安置
	后殷	8	66	8	67	本村分散安置
	南城	20	72	20	73	本村分散安置
	北城	6	29	6	30	本村分散安置
三标	汝道口	8	36	8	37	本村分散安置
	井圈	20	61	20	62	本村分散安置
	姜庄	7	26	7	27	本村分散安置
	郭口	7	19	7	20	本村分散安置
	于窝	9	32	9	33	本村分散安置
	毕庄	56	218	57	221	本村分散安置
	大义屯	5	23	5	24	本村分散安置
	大生	7	22	7	23	本村分散安置
四标	孙溜	3	16	3	17	本村分散安置
	湖西	8	28	8	29	本村分散安置
	王洼	4	9	4	10	本村分散安置
	夏码头	12	53	12	54	本村分散安置
	董圈	32	124	32	126	本村分散安置
	陶嘴	40	134	41	136	本村分散安置
合计		289	1 094	291	1 117	

4.6.3　分散安置方案

分散安置的具体建房位置,在实施过程中由行政村负责逐户落实,房屋形式由居民自主选择,建房方式为群众自建。

分散安置的新址征地费按国家规定标准计列,基础设施建设费按集中安置的人均标准计列。

4.6.4　居民点迁建投资

居民点迁建投资包括新址占地征用费、居民点外基础设施建设费和居民点内专项工程建设费等。

根据规划及确定的补偿标准计算,居民点迁建投资共计 1 410.31 万元。

4.7　专业项目恢复改建实施

4.7.1　实施原则

(1)按原标准、原规模、恢复原功能的原则进行实施,对已失去功能不需要恢复重建的设施,不再进行实施。

(2)在不影响现有系统正常运行情况下,就近接线为主。

(3)因扩大规模、提高标准(等级)或改变功能需要增加的投资,由有关部门自行解决。

4.7.2　实施方案

4.7.2.1　交通设施

交通设施主要是上下堤辅道,堤防加固后堤身对应变宽,原上堤路口将对应延伸、抬高。根据调查需要恢复四级公路 12.75 km,为沥青路面,路基宽 6 m,路面宽 4 m,均为穿堤辅道。交通道路恢复情况统计见表4-4。

表 4-4　交通道路恢复情况统计

工程标段及工程段落	涉及村庄	道路长度/km
一标 9+800~13+000 17+680~18+100	前关山	0.25
	后关山	0.38
	西苫山	0.48
	小计	1.11
二标 21+400~22+100 22+100~27+000	前殷	0.19
	后殷	0.35
	南城	0.33
	北城	1.82
	小计	2.69

续表 4-4

工程标段及工程段落	涉及村庄	道路长度/km
三标 28+100~35+000 37+600~44+200	孙道口	0.41
	张道口	0.19
	汝道口	0.34
	井圈	0.32
	郭口	0.63
	于窝	0.58
	毕庄	0.76
	大义屯	0.33
	大生	0.86
	小计	4.42
四标 46+680~53+500 55+800~59+200	孙溜	0.17
	胡溪渡	1.59
	王洼	0.51
	夏码头	0.19
	周门前	0.13
	董圈	0.54
	夏沟	0.30
	陶嘴	0.18
	邵庄	0.15
	付岸	0.77
	小计	4.53
总计		12.75

4.7.2.2　输变电设施

工程建设占压影响的输变电设施是整个设施的一部分,在工程建设期间,必须根据淤区建设的进度对输变电线杆不断地进行拔高处理,以保证工程建设不影响项目区周边居民的生产生活。

工程建设影响 10 kV 线路 2.85 km。

4.7.2.3　电信设施

工程建设占压影响的电信设施是整个设施的一部分,在工程建设期间,必须根据淤区建设的进度对输变电线杆不断地进行拔高处理,以保证工程建设不影响项目区电信设施的正常运行。

工程建设影响通信电缆 5.25 km,国防通信光缆 1.15 km。

4.7.2.4　水利设施

经迁占办与水利部门共同复核,工程建设影响的水利设施是区域水利灌排系统的一部分,必须将其迁移出建设区外进行复建,并就近与原有系统进行连接,以保证不影响其正常运行。

工程建设影响到后殷、郭口、毕庄、大生、湖西、陶嘴等村庄的浆砌砖拱桥 12 座,大生村混凝土板桥 1 座。必须将其迁移至建设区外按原标准进行恢复,恢复浆砌砖拱桥 793.94 m²,钢筋混凝土矩形板桥 16 m²。混凝土衬砌灌溉渠见表 4-5,浆砌砖拱桥拆除恢复见表 4-6。

表 4-5　混凝土衬砌灌溉渠

标段	位置	桩号	上口宽/m	深/m	长/m	下口宽/m	砌石宽/m	结构
三标	铜城街道办事处艾山村	32+700	1.0	0.55	156	1.0	0.3	石头
	大桥镇井圈村	33+150	0.4	0.4	350	0.4	0.2	石头
	大桥镇于窝村	40+120	0.5	0.5	80	0.5		石头
	大桥镇大生村	44+040~44+250	5.5	2.00	214	1.0		石头
	大桥镇大生村	43+450	0.8	0.30	53	0.3	0.1	水泥板
	小计				853			
四标	大桥镇湖西村	48+000	5.5	2.00	73	1.0		石头
	牛角店镇朱圈村	52+900	1.0	0.50	140	0.4	0.3	石头
	牛角店镇小邵村	57+400	0.7	0.25	25	0.7	0.3	石头
	小计				238			
	合计				1 091			

表 4-6　浆砌砖拱桥拆除恢复

标段	位置	尺寸			桥面结构		
		长/m	宽/m	面积/m²	水泥	沥青	碎石
二标	鱼山镇后殷村	15	5	75	√		
	小计			75			
三标	大桥镇郭口村	8	8	64		√	
	大桥镇郭口村	8	8	64		√	
	大桥镇郭口村	8	8	64		√	
	大桥镇毕庄村	12	5	60	√		
	大桥镇大生村	16	6	96	√		
	小计			348			
四标	大桥镇湖西村	17	12.8	217.54	√		
	大桥镇王洼村	10	6	60	√		
	牛角店镇夏沟村	20	1.2	24		√	
	牛角店镇陶嘴村	9.1	4	36.4		√	
	牛角店镇陶嘴村	12	1.5	18		√	
	牛角店镇淤区	5	3	15		√	
	小计			370.94			
	合计			793.94			

4.7.3　复建投资

专业项目复建投资共计 928.47 万元,其中交通设施恢复改建费 725.59 万元,输变电设施恢复改建费 45.49 万元,电信设施恢复改建费 35.68 万元,水利设施恢复改建费

111.62 万元,水文设施恢复改建费 10.09 万元。

专业项目迁建实行复建任务和投资双包干。由东阿县征迁机构委托有资质的设计单位,按相关行业要求,完成施工图设计,并按程序报批后组织实施。

4.8　临时用地复垦实施设计

临时用地指工程建设施工道路、仓库、施工人员生产生活房屋、取土(料)场、退水渠、管道占压等建设用地。由于工程建设战线长,存在取土方量大、占地面积多的特点,根据国家对土地复垦的规定,工程建设完工后,临时用地在交还地方前应进行复垦,因此对被工程建设占用的耕地应全部进行复垦。

4.8.1　实施依据主要技术标准

(1)《土地复垦条例》(中华人民共和国国务院令第 592 号),2011 年 3 月。

(2)《土地复垦技术标准(试行)》,国土资源部,2007 年 12 月。

(3)《土地复垦方案编制规程》(TD/T 1031—2011),国土资源部,2011 年 5 月。

(4)《土地开发整理规划编制规程》(TD/T 1011—2000)。

(5)《土地开发整理项目规划设计规范》(TD/T 1012—2000)。

(6)《土地开发整理项目验收规程》(TD/T 1013—2000)。

(7)其他相关规范和技术标准。

(8)工程占压影响实物成果。

4.8.2　设计原则

根据项目区自然环境与社会经济发展情况,按照保护耕地、可操作性强、便于管理的要求,结合项目特征和实际情况,体现以下控制原则:

(1)临时用地开挖应集中连片,防止水土流失。

(2)临时用地复垦后主要用于农业耕种。

(3)同步实施,把土地复垦纳入项目建设方案。

(4)工程技术可行,经济合理。

4.8.3　复垦目标

按照"取土完毕即复垦"的要求,土地复垦率(已复垦的土地面积与被破坏的土地面积之比)达到 100%以上。土地复垦 3 年后,农作物生长需要的土壤理化指标逐步接近当地土壤,通过一定的保水保肥等措施,复垦后的耕地生产力和适宜性基本达到当地耕地的平均水平。临时用地复垦应满足以下要求:

(1)恢复后应与周边的地势相协调。

(2)恢复后应考虑到边坡的稳定性。

(3)恢复后土地的用途应与当地土地部门的规划用途相同。

4.8.4　占压区土地利用现状

项目区涉及东阿县,临时用地 2 827.72 亩,全部为水浇地。

目前土地利用的特点是土地利用结构单一,以农用地为主,没有形成规模化,单位土地面积利用率较高。整个项目区土地权属清晰,无土地权属纠纷。

工程临时占地利用现状见表 4-7。

表 4-7　工程临时占地利用现状

县属	标段	堤防加固桩号	工程长度/m	临时占地/亩		
				合计	挖地	压地
					水浇地	水浇地
东阿	一标	9+800~13+000	3 200	376.44	332.73	43.71
		17+680~18+100	420	10.73	6.06	4.67
	二标	21+400~22+100	700	59.81	52.42	7.39
		22+100~27+000	4 630	670.37	579.26	91.11
	三标	28+100~35+000	4 000	428	329.32	98.68
		37+600~44+200	6 070	424.77	318.83	105.94
	四标	46+680~53+500	5 620	708.23	598.35	109.88
		55+800~59+200	1 500	149.37	114.18	35.19
总计			26 140	2 827.72	2 331.15	496.57

4.8.5　复垦范围及方向

工程建设临时用地复垦总面积为 2 827.72 亩,复垦率为 100%。按照复垦设计控制原则,临时用地复垦方向为耕地。

4.8.6　复垦实施

4.8.6.1　挖地

根据临时用地取土区施工工艺、时序,其复垦主要采取施工前原耕地耕作层腐殖质土剥离及堆放(表土处置)、灌排及田间道路设施恢复等措施。

1.表层土处置

在临时用地开挖之前,采用推土机等机械将表层 30 cm 厚的种植土移至指定地点临时存放,堆放体积不宜太高,避免将土壤压实和防止冲刷流失。

2.防渗

取土区取土后的土层渗漏量较小,可以起到较好的防渗效果。

3.施工组织设计

(1)在取土完成后,首先进行场地平整,再将表土转移覆盖在取土区表面。在土地复垦初期,应以施有机肥为主,每亩地追施有机肥 15 m³ 左右。

(2)通过秸秆还田等方式增加土壤有机质含量,改善土壤结构性;多种植豆科作物,增加土壤有机氮含量,减少氮淋失。在灌溉时采取每次少灌,增加灌溉次数的原则,减少土壤水分的渗漏损失,避免土壤养分随水分渗漏流失。

通过一定的保水保肥等措施,土地复垦3年后,农作物生长需要的土壤理化指标逐步接近当地土壤,复垦后的耕地生产力和适宜性基本达到当地耕地的平均水平。

4.田间配套设计

(1)水源:临时用地黏土料场一般开挖深度在1m左右,在开挖过程中,可选择避开田间机井或对其进行简易的防护,在复垦后,仍可继续使用。

(2)田间道路:土路面,主路路基宽度为5m,路面宽度为4.5m,支路路基宽度为3m,路面宽度为2.5m,可利用原有田间道路系统。有条件的可在道路两侧各植树一行。

(3)田间农渠、农沟:农渠和农沟主线可沿道路两侧进行布置,田间农渠可根据实际需要进行布置。开挖深度一般为50cm,上口宽为80cm,下底宽为30cm,边坡为1:0.5。开挖用机械进行施工,严禁多挖、超挖土方。农渠、农沟整理好后,可进行草皮的铺种。

(4)灌溉方式:灌溉方式可利用田间农渠、农沟或架设软管2种,由各种植户根据实际情况自定。

4.8.6.2　压地

根据临时用地压地施工工艺、时序,其复垦主要采取地面清理、表土深翻、灌排及田间道路设施恢复等措施。

1.地面清理

1)建筑物清理

对施工道路、仓库、施工人员生产与生活、房屋等用地,待工程施工完成后将生活区、办公区、仓库、附属工厂的一些临时房屋和围墙、水池等设施全部拆除,并清除所有的建筑垃圾、杂物及废弃物,保证地面清洁。

2)卫生防疫清理

卫生防疫清理工作应在建筑物拆除之前,在地方卫生防疫部门的指导下进行。

按照环保部门的要求,厕所、垃圾等均应进行防疫清理,将污物尽量外运,或薄铺于地面暴晒消毒,对其坑穴应进行消毒处理,污水坑1m以上净土填塞且压实。油库等污染源,应按环境保护要求处理。

2.施工组织设计

利用40kW拖拉机耕深30~40cm,耙磨细土,每亩地追施有机肥8m³左右。通过秸秆还田等方式增加土壤有机质含量,改善土壤结构性;多种植豆科作物,增加土壤有机氮含量,减少氮淋失。

临时用地中的压地并未改变土壤结构和土壤性质,仅造成土壤中有机物质量下降,通过一定的保水保肥等措施,土地复垦两年后,农作物生长需要的土壤理化指标逐步接近当地土壤,复垦后的耕地生产力和适宜性基本达到当地耕地的平均水平。

3.田间配套设计

临时用地压地范围内的机井、农沟、农渠、道路等设施,在施工过程中均可选择避开,在复垦后,仍可继续使用。

4.8.7　组织形式

根据国家土地复垦规定,土地复垦有两种方式:一是由建设单位按规定标准缴纳耕地复垦费,由地方国土部门组织实施;二是将复垦作为征地移民项目之一,由建设单位负责复垦,通过国土部门验收。

4.8.8　复垦投资

4.8.8.1　复垦标准

复垦标准依据国家发展和改革委员会对初步设计的批复为准。

1. 挖地

挖地包边料场复垦标准为 2 191 元/亩。临时用地中的河滩地不予复垦。

2. 压地

综合考虑其场地清理、耙磨细土、追施有机肥、土地熟化、完善水利设施等措施,其复垦标准为 908 元/亩。临时用地中的河滩地不予复垦。工程建设临时用地复垦单价分析计算详见表 4-8。

表 4-8　临时用地复垦单价分析计算表

序号	项目	单位	挖地 黏土料场			压地 临建设施及施工道路压地		
			数量	单价/元	投资/元	数量	单价/元	投资/元
一	临时用地面积							
	水浇地	亩	2 331.15			496.57		
二	耕作土回填平整	m³	466 232.33	2.5	1 165 581			
三	耕作土临时堆放	亩	489.05	1 875	916 973			
四	场地清理	亩				496.57	100	49 657
五	土壤熟化				1 388 200			250 767
(一)	农家肥	t	6 993.45	140	979 083	1 489.71	140	208 559
(二)	化肥	t	349.67	370	129 379	49.66	370	18 373
(三)	人工	工日	5 827.875	48	279 738	496.57	48	23 835
六	粪池	个	30	200	6 000	24	200	4 800
七	水利设施	亩	2 331.15	500	1 165 575	496.57	250	124 143
八	临时工程	亩	2 331.15	200	466 230	496.57	43	21 353
九	总价	万元			5 108 559			450 720
十	单价	元/亩			2 191			908

4.8.8.2　复垦投资

临时用地复垦总投资为 555.93 万元。

4.9　补偿投资概算

4.9.1　编制原则

(1)实施方案补偿标准原则上采用初步设计批复标准,对新增项目,采用山东省有关文件计算。

(2)征迁安置补偿投资由农村移民安置补偿费、专业项目复建费、其他费用(含拟列入的乡村工作经费等）、基本预备费和有关税费组成。

（3）凡结合迁移、改建需提高标准或扩大规模增加的投资，应由地方人民政府或有关单位自行解决。

（4）按照限额设计的原则，投资控制在初步设计批复的总量之内。

4.9.2　价格体系

（1）采用 2011 年第四季度物价水平。

（2）其他费用（含拟列入的乡村工作经费等）、基本预备费和有关税费统一计算，分村投资中不再重复计列。

4.9.3　概算标准确定

4.9.3.1　农村部分

1. 土地补偿补助标准

土地包括耕地（含水浇地、河滩地）、园地、塘地（鱼塘、藕塘、苇塘）和林地等。

（1）根据《山东省人民政府办公厅关于实施征地区片综合地价标准的通知》（鲁政办发〔2009〕20 号），土地补偿补助标准按工程所在地区片综合地价计列，为 30 000 元/亩。

（2）亩产值计算。

根据国家对本工程初设批复标准，东阿耕地亩产值为 1 851 元/亩。

（3）地面附属物补偿。

其他地类亩产值按水浇地标准执行，另外考虑地上附着物补偿。

鱼塘设施附属物补偿费按 7 000 元/亩、藕塘附属物按 4 500 元/亩。

（4）补偿补助标准。

经计算，东阿县工程建设征地的土地补偿补助标准：耕地 30 000 元/亩，鱼塘 37 000 元/亩，藕塘 34 500 元/亩。

2. 房屋及附属建筑物补偿标准

房屋补偿标准按国家发展和改革委员会以发改投资〔2012〕1848 号文规定的标准计算。初步设计以后新增的项目按照国家和地方有关文件标准计算。

农村房屋补偿单价为：砖混 648 元/m²、砖木 559 元/m²、土木 447 元/m²、混合房 495 元/m²、杂砖房 185 元/m²、简易房 100 元/m²；其他各类附属设施补偿标准详见表 4-9。

表 4-9　聊城市东阿县附属设施补偿标准

序号	项目	单位	单价/元
1	砖围墙	m²	65
2	混合围墙	m²	35
3	土围墙	m²	25
4	迎门墙	m²	150
5	水泥地面	m²	35
6	砖地面	m²	30
7	门楼	m²	231
8	厕所	个	180

续表4-9

序号	项目	单位	单价/元
9	牲口棚	个	50
10	禽窝	个	50
11	水池	m³	130
12	猪羊圈	个	124
13	简易棚	m²	45
14	菜园	亩	3 000
15	粮囤	个	200
16	粪坑	个	50
17	大门	个	500

3. 小型水利设施补偿

机井5 000元/眼、大口井3 000元/眼、抽水站55 000元/处、变压器房682元/m²。

4. 其他补偿费

（1）青苗补偿费：按同类耕地一季产值补助。

（2）盛果果树450元/棵，初果果树210元/棵，幼果果树75元/棵。材树（大）、材树（中）、材树（小）、材树（幼）分别为55元/棵、40元/棵、20元/棵和4元/棵。

（3）坟墓600元/座。

（4）淤区树木清理费：苗圃按4 000元/亩，果树按4 800元/亩，材树按3 600元/亩，美化苗木按10 000元/亩。

（5）过渡期生活补助费：按生产安置人口600元/人进行补偿。

（6）房屋装修费：按主房房屋补偿费的5%计列。

4.9.3.2　专业项目复建

专业项目复建单价按国家发展和改革委员会对本工程的批复标准计算。东阿县堤防加固工程专业项目复建补偿标准见表4-10。

表4-10　东阿县专业项目复建补偿标准统计表

序号	项目	单位	单价/元
一	交通设施		
1	四级公路	km	400 000
2	三级公路	km	1 000 000
3	浆砌砖生产桥	m²	2 000
4	混凝土板桥	m²	3 000
二	输变电设施		
1	10 kV 线路	km	73 000
2	低压线杆	杆	1 300
三	广播通信设施		
1	通信光缆	km	65 000
2	通信线杆	杆	1 300
四	水利设施		

序号	项目	单位	单价/元
1	灌溉渠道恢复挖、填土方	m³	11.5
2	浆砌石排水渠	m	225.13
3	混凝土灌溉渠道	m	100
4	混凝土排水管	m	50

4.9.3.3　其他有关费用

其他有关费用采用初步设计批复投资，不再随实施方案投资变化滚动调整。

根据山东黄河河务局建设局咨询意见，地籍测绘费按永久征地 240 元/亩计列。

4.9.3.4　基本预备费

按照初设批复的预备费，在扣除直接费用增加的投资及地籍测绘费后，列入本报告。

4.9.3.5　有关税费

有关税费包括耕地占用税、耕地开垦费和森林植被恢复费。

4.9.4　概算投资

根据占压影响实物指标和移民安置规划及专项处理方案，按以上拟定的补偿标准，计算工程占压处理及移民安置规划总投资 16 351.32 万元，其中农村移民补偿费 12 997.80 万元，专业项目复建费 928.47 万元，其他费用 1 513.70 万元；基本预备费减少 547.78 万元，剩余预备费 637.98 万元，有关税费 273.37 万元。

4.9.5　投资对比分析

从投资对比看，总投资未增加，其中农村移民补偿费增加 311.38 万元；专业项目复建费增加 198.23 万元；其他费用增加 38.06 万元；基本预备费减少 523.89 万元，剩余预备费 661.87 万元。

4.9.6　关于柏油路的复建

专业项目中柏油路（四级）恢复均为工程段落内涉及的辅道路面，初步设计批复单价为 40 万元/km。地方政府认为该标准偏低，实施起来难度大，要求参照堤顶道路的标准复建。本次实施方案编制仍按照批复单价计算投资。

4.9.7　居民点安置问题

本工程共有 3 个村移民人数超过 100 人，根据规范需要集中安置，由于涉及的居民点位置尚未完全确定，暂按分散安置编制实施方案。

4.10　征迁人口合法权益保障措施

4.10.1　征迁人口可享有的基本权益

根据《大中型水利水电工程建设征地补偿和移民安置条例》，征迁人口可享有的基本权益有：

（1）安置后，依法享有与安置地居民同等的权利和义务，任何单位和个人不得以任何方式损害其合法权益。

（2）安置区人民政府及其有关部门应当及时为征迁人口办理户籍登记、子女就学、土地和房产确权发证等手续，并提供方便。

（3）有权知道征迁安置政策、补偿标准和自己的补偿实物数量、补偿金额，有权享有征迁安置优惠政策，种植业安置的群众有权得到调整安置的土地。业主和征迁管理部门应当按照规定的标准及时支付征迁安置补偿、补助费。

4.10.2　征迁人口应尽的基本义务

按照征迁安置规划必须搬迁的人口，在得到安置补偿、补助费后，不得拖延搬迁或者拒绝搬迁，已安置的不得返迁或者要求再次补偿、补助，不得干扰其他人口搬迁。

4.10.3　征迁人口合法权益保障机制的运作方式

黄河下游近期防洪工程建设征迁人口是非自愿性的，各级政府部门必须高度重视征迁安置工作，把群众利益放在首位，关注群众生产与生活，制订切合实际、切实可行的安置计划，保证其搬迁后尽快恢复原有水平及被调地居民不受调地影响。

各级政府要完善征迁管理机构，专门负责征迁安置实施工作。工作中应政策公开、办事程序公开、补偿标准公开，同时加强内部和外部监测，积极鼓励公众参与，接受群众监督，建立高效通畅的反馈机制和渠道，尽可能缩短信息处理周期，公开接收群众申诉，及时解决群众存在的困难和问题，确保社会稳定。

省人民政府应制定征迁安置优惠政策，给予特别关注和支持，对有一定文化水平的劳动力进行职业培训，帮助发展农业生产，提高农业收入，同时还应尽可能地提供各种就业信息和指导，增加其就业机会。

4.11　实施管理与征地农民技术培训

4.11.1　实施管理

征迁安置实施管理规范化是顺利实施征迁安置的保证，需建立完善管理机构，健全实施的管理体制，并根据确定的管理方式，明确各级征迁机构的职责和征迁机构内部的组织分工。将征迁安置工作任务分解，落实到人，层层负责，共同完成征迁安置工作任务。

征迁安置实施应该严格按照批准的规划进行。

征迁安置项目实施前，应进一步落实征地农民安置意愿，签订安置协议，保证资金使用的有效性。

在征迁实施过程中，设计单位应该按要求派设计代表，参与项目的建设、验收工作。业主应委托有资质的监理机构对征迁安置实施过程进行监督评估。监督评估内容包括建设区和安置区工程实施进度、质量、资金拨付及总规划控制、征迁安置信息管理等。业主应委托有资质的单位进行监督评估工作,负责对实施前后征迁安置人口生产生活水平进行监测,对安置规划和实施的效果进行评估,复核和检查安置规划设计、实施、验收、生产生活水平恢复等情况,摸清征迁安置人口当前生产生活情况、存在的困难及原因、后期扶持情况等,全面总结经验教训,发现问题,提出对策。

4.11.2　技术培训

4.11.2.1　培训范围

1. 管理人员培训

征迁实施工作量大且繁杂,管理工作具有较强的政策性、技术性、群众性等特点。为完成实施搬迁工作,应加强征迁干部的培训。

2. 农村征地农民技能培训

根据种植业安置规划和养殖业安置规划需要,对进行高效种植业、养殖业安置的劳动力进行劳动技能培训,以适应调整种植业结构和集约化养殖业生产的需求。同时对劳务输出的劳动力,根据市场需求,对其进行其他劳动技能的培训。

4.11.2.2　培训措施

(1)加强对农村劳动力职业技能开发的组织领导,在安置区就业部门的统一规划、协调、指导下,切实加强自身建设,提高培训能力。

(2)结合生产发展措施规划,聘请有关专家对具有初中文化程度以上且种植业安置的劳动力进行林果业等种植技术的培训,强化其动手能力。

(3)依据安置区经济发展规划,把握市场导向,提供就业发展方向,对从事二、三产业的征地农民进行岗前技术培训,使培训与开发就业有机衔接。

4.11.2.3　培训办法

(1)对简单实用技术,采取现场示范和培训、扶持专业户带头的方法。

(2)对面广、收益大的实用技术,采取集中授课和分发科技小册子的办法。

(3)对有一定难度的技术,采取"请进来、送出去"的办法。

(4)对征地农民未来发展有重大影响的技术,采取办短期培训班的办法。

(5)对高新技术,采取与大专院校、科研单位合作开发的形式或建立科学示范基地等方法。

4.11.2.4　培训内容

(1)实行科学种田,增加农业科技含量,提高单位面积收益。

(2)以当地支柱产业为龙头,扩大多种经营范围,扩大收益渠道。

(3)积极发展庭院经济,增加农民收入。

(4)引导征地农民学习二、三产业中的实用技术,引导征地农民学习科学文化知识,为发展二、三产业创造条件。

(5)采取政府引导、中介介绍、职校推荐、驻外企业带动、劳务能人带领和驻外机构联络等多种方式有组织地开展劳动力输出。

第 5 章　移民安置监测评估

5.1　监测评估简介

5.1.1　监测时段和范围

时间:本次监测期为 2014 年 7 月 1 日至 12 月 31 日。

范围:山东段 14 个县(市、区)27 个单项工程占地拆迁的村。

5.1.2　监测评估的内容

本次监测评估的重点工作:①各单项工程征地拆迁实施情况;②占地后的村民生产生活安置情况;③临时占地及复垦情况;④征地安置资金拨付、兑付情况。

5.1.3　典型村、户选取原则

(1)典型村选取:①典型村的选取要涵盖所有单项工程;②单项工程涉及村较多的,典型村数量应适当增加;③应选取占地量或搬迁量大的村;④重点针对存在问题的拆迁村。

(2)典型户选取:主要针对存在问题的典型户。

5.1.4　本次监测评估的基本情况

本次监测评估于 2015 年 1 月 20 日开始,组成 4 个监评组,历时 49 d,对已开工的 27 个单项工程进行调查,本次调查涉及 14 个县(市、区),调查主要内容包括各单项工程永久占地拆迁实施情况;占地后的村民生产生活安置情况;临时占地及复垦情况以及征地拆迁资金拨付、兑付情况等。

5.2　实施管理情况

5.2.1　本监测期实施机构采取的举措

山东黄河河务局及工程建设中心组织了实施方案的修订稿的编写及审批,实施方案变更的批复及项目资金的拨付等。在 2014 年 10 月 29~31 日,组织了淄博市刘春家险工改建工程的预验收。

　　济南市等 6 市及东阿县等 14 县(市、区)黄河防洪工程建设领导小组主要是协调了堤防加固工程包边盖顶用土的土场占用及资金拨付等工作。

　　同时,各县(市、区)黄河防洪工程建设领导小组还通过对有关乡镇政府的领导和监督,加强了对征迁安置资金使用情况的监督。如东阿县下发《关于对黄河防洪工程征迁安置资金使用情况进行检查》的通知(东政发电〔2014〕128 号),加强了征迁安置资金使用管理。

5.2.2　项目档案资料的整编情况

　　本次监测评估根据黄河水利委员会《黄河防洪工程建设项目中征地补偿与移民安置工作文件的归档范围和保管期限表》(办字〔2012〕40 号)规定,按照山东黄河河务局工程建设中心的要求,对 27 个单项工程项目档案资料整编情况进行了监测,监测结果分完整和不完整两个档次,同时对资料存放地点进行监督与检查。

　　通过查阅有关资料并与地方实施机构座谈了解,各县(市、区)有关部门在上次监评工作检查后,认识到加强档案整理工作的重要性,及时组织工作人员加强对本项目资料的收集和整理工作。截至目前,部分县已经按黄河水利委员会规定的档案整理要求对占地处理及移民安置档案资料按堤防加固、堤防帮宽等单项工程分类整理,同时每个单项工程又分永久占地、临时占地、房屋及附属物、专项等几大类,每类里包括原始调查、统计表、公示、核定表、协议书。目前大部分县资料已归入到档案盒和档案柜里,但还有个别地方没有按要求进行整理归档。

　　山东段占地处理及移民安置内业资料整理情况见表 5-1。

5.2.3　小结

　　(1)档案整编取得新进展。通过调查,大部分县在占地处理及移民安置方面的档案资料比较完整、齐全,但还有个别县对档案整理工作不够重视。

　　(2)问题与建议:一是继续加强与本项目有关制度的收集与整编,以促进项目规范化实施;二是建议各县(市、区)迁占机构进一步加强项目档案资料的收集与整编,明确到人,按照黄河水利委员会项目档案管理办法规定,使项目资料准确、完整、系统。

5.3　房屋拆迁及生活安置情况

5.3.1　实施方案

　　黄河下游近期防洪工程建设(山东段)共划分为 27 个单项工程。其中,涉及房屋拆迁的单项工程有 14 个,占单项工程总数的 51.9%。

　　有拆迁房屋任务的 14 个单项工程共需要拆迁各类房屋面积 102 209.3 m²,其中拆迁主房面积 90 807.97 m²,占 88.8%。

表 5-1 黄河下游近期防洪工程（山东段）占地处理及移民安置内业资料整理情况表

序号	实施单位形成的文件		归档情况/%			存放地点	存在问题（有/无）
	归档文件	保管期限	完整率	不完整率			
合计			57	43			
1	征地移民实施方案审批的报告及批复	永久	100	0		迁占办或项目法人	
2	征地移民安置意愿征求意见	永久	27	73		迁占办、县国土局或项目法人	
3	征地移民安置协议及相关会议纪要	永久	73	27		迁占办	
4	各方认可的房屋、地面附属物原始调查登记表，补偿资金兑付相关手续	永久	100	0		迁占办	
5	房屋、地面附属物数量统计表及补偿标准公示	永久	82	18		迁占办	
6	征地移民村（组）集体财产调查核查表、补偿补助情况表、补偿资金兑付相关手续及证明	永久	82	18		迁占办	
7	永久占地附属物赔偿费结算表	永久	73	27		迁占办	
8	征地补偿及移民安置费结算表	永久	73	27		迁占办	
9	征地补偿与移民安置费用支出报核单	永久	100	0		迁占办	
10	村民领占地款收据，出具的证明及身份证	永久	82	18		迁占办或乡（镇）财政所	
11	永久占地村（组）生产安置费使用情况表	永久	9	91		迁占办或村委会	
12	永久占地补偿协议书、占地坐标图、地籍测绘地形图、行政区域图	永久	82	18		迁占办或县国土局	
13	土地使用证	永久	0	100		在相关部门	都还未办理
14	征地补偿与移民安置汇总表	永久	64	36		迁占办	正在整理汇总
15	征地补偿与移民安置实施招标投标、合同和竣工验收、初验和终验（自验、初验、初验）计划，工作大纲，报告，意见	永久	18	82		项目法人	

续表 5-1

序号	实施单位形成的文件 归档文件	保管期限	归档情况/% 完整率	归档情况/% 不完整率	存放地点	存在问题(有/无)
16	征地补偿与移民安置工作会议及大事记	永久	55	45	迁占办	
17	征地补偿与移民安置来访来信接待处理情况、群体事件的处置情况结论	永久	73	27	迁占办或乡(镇)政府	
18	征地移民宣传报道、经验交流、调查研究、教育培训文件	30 年	18	82	迁占办	大部分没有资料或不完整
19	临时占地附属物调查登记表、补偿资金兑付相关手续和证明	30 年	82	18	迁占办	
20	临时占地复垦协议实施情况及移交手续	30 年	27	73	正在进行复垦前的筹备	积极协调施工方,对已完耕地,抓紧复垦
21	农副业设施实物指标调查核查报告、补偿安置协议、补偿资金兑付手续	30 年	27	73	迁占办或项目法人	
22	专业设施实物指标调查核查报告		36	64	项目法人	
23	专业设施实施项目相关实施报告及批复		18	82	项目法人	正在协调有关单位抓紧办理
24	专业设施迁(复)建补偿协议及资金兑付手续	永久	64	36	项目法人	
25	征地移民工作计划、总结、通知及规章制度、政策规定、管理办法	30 年	45	55	项目法人	
26	征地移民会计工作有关规定、办法、细则	永久	18	82	项目法人	
27	征地移民资金收支情况年报表	30 年	55	45	项目法人	
28	征地移民资金收支情况季、月报表	永久	45	55	项目法人	
29	征地移民资金收支的凭证、账簿	永久	73	27	迁占办或乡(镇)财政所	
30	征地移民工作现场及原貌的照片、录音、录像电子文件		91	9	迁占办	

　　移民生活安置:①移民安置任务,到设计水平年(2013年5月,下同),因工程建设需要进行生活安置移民647户2 597人,按照地域涉及聊城市东阿县、阳谷县,济南市章丘区、长清区,淄博市高青县,滨州市邹平市、博兴县、滨城区、高新区,东营市垦利区等5市10个县(市、区)。按照单项工程,涉及的有13个,占单项工程总数的48.2%;不涉及生活安置的有14个,占单项工程总数的51.8%。②移民安置方式,按照实施方案移民生活安置方式为分散安置。

5.3.2　实施进展

5.3.2.1　房屋拆迁

　　截至2014年12月31日,黄河下游近期防洪工程建设(山东段)涉及房屋拆迁工作的14个单项工程,累计完成拆迁各类房屋面积93 427.60 m²,占实施方案的91.4%,其中拆迁主房面积83 538.85 m²,占实施方案的81.7%;累计搬迁589户2 349人,占实施方案91.0%和90.5%。

　　按规划完成拆迁任务的单项工程有12个,未完成拆迁任务的有2个,主要是:济南章丘堤防加固(65+500~73+310等7段)工程,原因是宅基地未落实,拆迁户拆迁后无法安置;淄博堤防加固(120+125~127+700等4段)工程,还有14户的房屋没有完成拆除。

　　黄河下游近期防洪工程(山东段)房屋拆迁及搬迁人口实施情况见表5-2。

5.3.2.2　房屋建设及移民生活安置进展情况

　　1.新址征地

　　黄河下游近期防洪工程建设(山东段)涉及房屋拆迁工作的14个单项工程中,13个单项工程涉及生活安置,规划安置647户2 597人。新址征地规划287.67亩,已累计实施244.43亩。

　　本期新址征地数量较上期无变化,聊城堤防加固(3+050~3+710)工程(阳谷县部分)阳谷县建房户的宅基地是租用别人原来的宅基地;博兴县滨州博兴堤防加固(178+830~182+650、185+750~189+121)工程已经建房的拆迁户也是在别人原来的宅基地上建的,没有新址征地,见表5-3。

　　2.房屋建设

　　截至2014年12月31日,已累计完成拆迁589户,其中房屋建成的累计376户,占已拆迁户的63.8%;未动工63户,占已拆迁户的10.7%;不需建房150户,占已拆迁户的25.5%。

　　比较上期建成增加29户,是上期在建29户已完成,见表5-3。

　　3.目前安置

　　截至2014年12月31日,376户居住新房,租房90户,老宅院46户,其他情况77户,见表5-3。

表 5-2　黄河下游近期防洪工程（山东段）房屋拆迁及撤迁人口实施情况

序号	工程名称	建设范围	所处县(市、区)	实施方案 房屋拆迁/m² 面积	其中主房	生活安置 户	人	实施进展 房屋拆迁/m² 面积	其中主房	生活安置 户	人	说明
I	山东段		10	102 209.3	90 807.97	647	2 597	93 427.60	83 538.85	589	2 349	
一	河口黄河防洪工程			12 496.83	11 724.72	88	379	12 496.83	11 724.72	88	379	
1	放淤固堤	190+618~191+140	东营	812.53	592.73	0	0	812.53	592.73	0	0	已完成
		191+770~192+600										
		196+260~196+704										
		199+613~199+943										
		200+207~200+808										
		200+884~201+194										
		203+850~203+950	垦利	4 914.49	4 693	26	112	4 914.49	4 693	26	112	已完成
		212+150~212+982										
		217+430~219+100										
		246+700~247+680										
		253+800~255+100										
2	提防帮宽	189+121~201+300	东营	21.5	21.5	0	0	21.5	21.5	0	0	已完成
3	提防帮宽	201+300~255+160	垦利	6 748.31	6 417.49	62	267	6 748.31	6 417.49	62	267	已完成
二	济南黄河防洪工程			9 900.19	8 002.69	50	177	8 188.22	6 222.86	43	150	

续表 5-2

序号	工程名称	建设范围	所处县（市、区）	实施方案				实施进展				说明
				房屋拆迁/m²		生活安置		房屋拆迁/m²		生活安置		
				面积	其中主房	户	人	面积	其中主房	户	人	
1	放淤固堤	65+500~73+310										
		64+574~65+100										
		73+550~74+560										
		75+850~76+450	章丘	8 921.39	7 023.89	43	160	7 139.42	5 244.06	36	133	未完成
		77+150~77+970										
		86+630~87+700										
		185+750~189+121										
2	控导工程改建	下巴 1#~4#、6#~8#、10#~14#、22#、25#、27#垛（15 个）、15#、17#、18#、20#、21#丁坝（5 道）、5#、9#、16#、19#、23#、24#、26#护岸（7 段）	长清	978.8	978.8	7	17	978.8	978.8	7	17	已完成
		潘庄 3#~20#垛（23 个）										
三	聊城黄河防洪工程			42 585.05	37 970.38	296	1 141	38 209.43	34 808.98	278	1 069	

续表 5-2

序号	工程名称	建设范围	所处县(市、区)	实施方案				实施进展				说明
				房屋拆迁/m²		生活安置		房屋拆迁/m²		生活安置		
				面积	其中主房	户	人	面积	其中主房	户	人	
1	放淤固堤	3+050~3+710	阳谷	2 374.53	1 576.74	5	24	292	192	3	11	已完成
		4+220~5+512										
		9+800~13+000	东阿	64	64	0	0	64	64	0	0	
		17+680~18+100										
2	放淤固堤	21+400~22+100	东阿	9 261.9	8 500.31	71	298	8 596.49	7 881.26	67	282	已完成
		22+100~27+000										
3	放淤固堤	28+100~35+000	东阿	15 433.35	14 417.08	120	447	13 775.78	13 043.85	109	408	已完成
		37+600~44+200										
4	放淤固堤	46+680~53+500	东阿	15 451.27	13 412.25	100	372	15 481.16	13 627.87	99	368	已完成
		55+800~59+200										
四	淄博黄河防洪工程			9 541.36	8 465.01	51	205	6 917.22	6 137.12	37	141	
1	放淤固堤	120+125~127+700	高青	9 541.36	8 465.01	51	205	6 917.22	6 137.12	37	141	未完成
		147+770~148+750										
		152+220~154+350										
		156+150~159+100										

续表 5-2

序号	工程名称	建设范围	所处县(市、区)	实施方案				实施进展				说明
				房屋拆迁/m²		生活安置		房屋拆迁/m²		生活安置		
				面积	其中主房	户	人	面积	其中主房	户	人	
五	滨州黄河防洪工程			27 685.9	24 645.17	162	695	27 685.9	24 645.17	143	610	
1	放淤固堤	91+653~92+190	邹平	9 695.05	8 897.83	54	253	9 695.05	8 897.83	54	253	
		93+000~95+200										
		95+250~97+000										
		111+200~112+100										
		109+560~110+200										
2	放淤固堤	98+650~100+800	邹平	5 870.63	5 307.67	36	163	5 870.63	5 307.67	36	163	
		100+800~106+500										
3	放淤固堤	162+300~163+500	高新	5 450.79	3 955.79	37	144	5 450.79	3 955.79	27	100	
		164+600~167+050										
		174+700~178+830										
4	放淤固堤	178+830~182+650	博兴	6 669.43	6 483.88	35	135	6 669.43	6 483.88	26	94	
		185+750~189+121										

注:表中数据由各地县(市、区)迁占部门提供。

表 5-3 生活安置实施进展情况表

序号	工程名称	建设范围	所处县（市、区）	安置任务		新址征地（亩）		三通一平（是/否/正在进行）	搬迁		建房安置情况/户			其他安置情况
				户	人	规划	实施		户	人	建成	在建	未建	
I	山东段		10	647	2 597	287.67	244.43		589	2 349	376	0	63	150
一	河口黄河防洪工程		东营	88	379	37.75	45.58		88	379	21	0	2	65
1	放淤固堤	190+618～191+140								0				
		191+770～192+600												
		196+260～196+704												
		199+613～199+943												
		200+207～200+808		0					0					
		200+884～201+194												
		203+850～203+950												
		212+150～212+982												
		217+430～219+100	垦利	26	112	10.44	10.44	是	26	112	21	0	2	3
		246+700～247+680												
		253+800～255+100												
2	堤防帮宽	189+121～201+300	东营	0	0				0	0	0	0	0	
3	堤防帮宽	201+300～255+160	垦利	62	267	27.31	35.14	是	62	267	0	0	0	62
二	济南黄河防洪工程			50	177	21.24	9.51		43	150	8	0	26	9

续表 5-3

序号	工程名称	建设范围	所处县(市、区)	安置任务 户	安置任务 人	新址征地(亩) 规划	新址征地(亩) 实施	三通一平(是/否/正在进行)	搬迁 户	搬迁 人	建房安置情况(户) 建成	建房安置情况(户) 在建	建房安置情况(户) 未建	其他安置情况
1	放淤固堤	65+500~73+310 64+574~65+100 73+550~74+560 75+850~76+450 77+150~77+970 86+630~87+700	章丘	43	160	19.2	7.83	是	36	133	7	0	26	3
2	控导工程改建	下巴 1#~4#,6#~8#, 10#~14#,22#,25#,27#垛 (15个),15#,17#,18#, 20#,21#丁坝(5道),5#, 9#,16#,19#,23#, 24#,26#护岸(7段), 潘庄 3#~20#垛(23个)	长清	7	17	2.04	1.68	是	7	17	1	0	0	6
三	聊城黄河防洪工程			296	1 141	143.14	115.65		278	1 069	276	0	0	2
1	放淤固堤	3+050~3+710 4+220~5+512	阳谷	5	24	0	0	是	3	11	1	0	0	2
		9+800~13+000 17+680~18+100	东阿	0	0	11.76	0		0	0	0	0	0	0
2	放淤固堤	21+400~22+100 22+100~27+000	东阿	71	298	31.72	20.21	是	67	282	67	0	0	0

续表 5-3

序号	工程名称	建设范围	所处县(市、区)	安置任务 户	安置任务 人	新址征地(亩) 规划	新址征地(亩) 实施	三通一平(是/否/正在进行)	搬迁 户	搬迁 人	建房安置情况(户) 建成	建房安置情况(户) 在建	建房安置情况(户) 未建	其他安置情况
3	放淤固堤	28+100~35+000 37+600~44+200	东阿	120	447	52.97	51.81	是	109	408	109	0	0	0
4	放淤固堤	46+680~53+500 55+800~59+200	东阿	100	372	46.69	43.63	是	99	368	99	0	0	0
四	淄博黄河防洪工程	120+125~127+700		51	205	16.89	16.89		37	141	18	0	0	19
1	放淤固堤	147+770~148+750 152+220~154+350 156+150~159+100	高青	51	205	16.89	16.89	是	37	141	18	0	0	19
五	滨州黄河防洪工程	91+653~92+190 93+000~95+200		162	695	68.65	56.8		143	610	53	0	35	55
1	放淤固堤	95+250~97+000 111+200~112+100 109+560~110+200	邹平	54	253	18.07	18.07	是	54	253	15	0	5	34
2	放淤固堤	98+650~100+800 100+800~106+500	邹平	36	163	25.58	25.58	是	36	163	4	0	29	3
3	放淤固堤	162+300~163+500 164+600~167+050 174+700~178+830	高新	37	144	13.15	13.15	是	27	100	9	0	1	17
4	放淤固堤	178+830~182+650 185+750~189+121	博兴	35	135	11.85	0	否	26	94	25	0	0	1

5.3.3　小结

5.3.3.1　拆迁进展情况

截至 2014 年 12 月 31 日,黄河下游近期防洪工程建设(山东段)涉及房屋拆迁工作的 14 个单项工程,累计完成拆迁各类房屋面积 93 427.60 m²,占实施方案的 91.4%,其中拆迁主房面积 83 538.85 m²,占实施方案的 81.7%;累计搬迁 589 户 2 349 人,占实施方案 91.0% 和 90.5%。

5.3.3.2　建房及安置情况

完成拆迁 589 户,其中房屋建成的累计 376 户,占已拆迁户的 63.8%;未动工 63 户,占已拆迁户的 10.7%;不需建房 150 户,占已拆迁户的 25.5%。目前,入住新房的比例最大;其次为租房、其他安置、借房、老宅院。

与上期监评相比,本期搬迁增加 29 户。建成房屋增加了 29 户,在建减少了 29 户。

5.3.3.3　问题及建议

(1)截至本次监评,山东段涉及房屋拆迁工作的 14 个单项工程中,2 个单项工程房屋拆迁工作尚未完成,主要是宅基地未落实,拆迁户拆迁后无法安置。

建议各单项工程尽快完成拆迁工作,博兴县、邹平市等还有拆迁户因宅基地未落实、嫌补偿标准低等原因尚未完成搬迁,建议相关实施机构采取措施加快拆迁进度。

(2)个别新址征地和居民点建设滞后,农户拆迁完成后安置困难。部分借房和临时房安置的拆迁户,借住的房屋老旧,住房条件较差,生活不便。

建议相关县实施机构做好临时安置移民的安抚工作。

5.4　永久占地及生产安置情况

5.4.1　永久占地

5.4.1.1　实施方案情况

工程建设永久占地涉及 20 个单项工程,河口利津堤防帮宽(295+000～305+900 等 4 段)工程等 7 个单项工程不涉及永久占地(含未编制实施方案的《东平湖二级湖堤加高加固(6+574～26+731)工程》和《东平湖庞口闸扩建工程》),实施方案永久占地为 6 755.15 亩,较初步设计略有减少。

5.4.1.2　实施情况

1. 协议签订情况

依据初设规划工程永久占地数量,有关各县(市、区)实施机构从 2012 年 12 月开始与有关占地乡村签订了征地协议。截至本次调查,工程建设永久占地涉及 20 个单项工程累计签订工程征地协议 6 696.79 亩,占实施方案的 99.1%。

协议签订未完的有:滨州市博兴县堤防加固(178+830～182+650、185+750～189+

121)工程协议签订累计 313.24 亩,占实施方案 96.35%。

未签订协议的有:滨州市滨城区堤顶道路(280+500~291+033)工程和滨州滨开堤顶道路(252+317~260+725)工程,河务局与国土资源局及占地户共同协商达成一致,以先实施后补偿的方式进行,目前永久占地测量界限尚未实施确定,但土地已经移交工程使用。

2.土地移交

到本次监测评估,签订工程征地协议的永久占压区土地已全部移交,累计 6 696.79 亩,占实施方案的 99.1%。

山东段占地处理及移民安置永久占地协议签订情况见表5-4。

表 5-4　黄河下游近期防洪工程(山东段)永久占地协议签订情况

序号	工程名称	建设范围	所处县(市、区)	实施方案/亩	协议签订/亩	移交数量/亩
I	山东段		10	6 755.15	6 696.79	6 696.79
一	河口黄河防洪工程			1 197.02	1 197.02	1 197.02
1	放淤固堤	190+618~191+140	东营	376.11	376.11	376.11
		191+770~192+600				
		196+260~196+704				
		199+613~199+943				
		200+207~200+808				
		200+884~201+194				
		203+850~203+950	垦利	291.04	291.04	291.04
		212+150~212+982				
		217+430~219+100				
		246+700~247+680				
		253+800~255+100				
2	堤防帮宽	189+121~201+300	东营	78.83	78.83	78.83
3	堤防帮宽	201+300~255+160	垦利	445.41	445.41	445.41
4	堤防道路	238+180~248+960	垦利	5.63	5.63	5.63
二	济南黄河防洪工程			822.62	824.06	824.06
1	放淤固堤	65+500~73+310	章丘	681.38	681.82	681.82
		64+574~65+100				
		73+550~74+560				
		75+850~76+450				
		77+150~77+970				
		86+630~87+700				

续表 5-4

序号	工程名称	建设范围	所处县(市、区)	实施方案/亩	协议签订/亩	移交数量/亩
2	防浪林	86+500~91+653	章丘	118.46	118.46	118.46
3	险工改建	胡家岸新 1#、1#~60# 土城子 1#、1#~3# 刘家园 1#~4#	章丘	22.78	23.78	23.78
三	聊城黄河防洪工程			1 701.65	1 701.65	1 701.65
1	放淤固堤	3+050~3+710 4+220~5+512	阳谷	115.45	115.45	115.45
		9+800~13+000 17+680~18+100	东阿	342.11	342.11	342.11
2	放淤固堤	21+400~22+100 22+100~27+000	东阿	405.08	405.08	405.08
3	放淤固堤	28+100~35+000 37+600~44+200	东阿	504.21	504.21	504.21
4	放淤固堤	46+680~53+500 55+800~59+200	东阿	334.8	334.8	334.8
四	淄博黄河防洪工程			946.32	946.32	946.32
1	放淤固堤	120+125~127+700 147+770~148+750 152+220~154+350 156+150~159+100	高青	946.32	946.32	946.32
五	滨州黄河防洪工程			2 087.64	2 027.74	2 027.74
1	放淤固堤	91+653~92+190 93+000~95+200 95+250~97+000 111+200~112+100 109+560~110+200	邹平	426.31	426.31	426.31

续表 5-4

序号	工程名称	建设范围	所处县(市、区)	实施方案/亩	协议签订/亩	移交数量/亩
2	放淤固堤	98+650~100+800	邹平	484.18	484.18	484.18
		100+800~106+500				
3	放淤固堤	162+300~163+500	高新	397.38	397.38	397.38
		164+600~167+050				
		174+700~178+830				
4	放淤固堤	178+830~182+650	博兴	325.09	313.24	313.24
		185+750~189+121				
5	堤防道路	280+500~291+033	滨城	27.1	0	0
6	堤防道路	252+317~260+725	滨开	20.95	0	0
7	防浪林	160+520~163+030	高新	406.13	406.13	406.13
		164+650~169+028				
		171+400~172+676				
		174+226~178+830				
8	险工改建	梯子坝 1~1#、1#~2#	邹平	0.5	0.5	0.5

5.4.2 　生产安置

生产安置实施方案情况详述如下。

5.4.2.1 　安置任务

生产安置设计水平年工程占压影响农村居民生产安置人口 4 571 人,涉及 5 市 11 县(市、区),分别是聊城市阳谷县和东阿县,济南市章丘市,淄博市高青县,东营市东营区和垦利区,滨州市邹平市、博兴县、滨开区、滨城区、高新区;涉及河口堤防加固(190+618~191+140 等 11 段)工程等 19 个单项工程。河口利津堤防帮宽(295+000~305+900 等 4 段)工程等 8 个单项工程不涉及移民生产安置。

5.4.2.2 　安置方式

根据实施方案,安置方式有一次性补偿、本村调地和集体统筹安置 3 种。其中一次性补偿安置 107 个村,本村调地安置 95 个村,集体统筹安置 77 个村。

5.4.2.3　生产安置实施进展

本次监测评估,对涉及生产安置的 19 个单项工程进行了典型村调查,生产安置方式有一次性补偿、本村调地及集体统筹 3 种方式。

统计显示:19 个单项工程共涉及 279 个村,实际涉及 255 个村,永久占地影响村庄是按照单项工程统计的,其中有的村庄同时受两个单项工程影响,分别进行了统计,这样的村庄有 24 个。采用一次性补偿安置方式的村有 160 个,本村调地的村 40 个,集体统筹的村有 79 个。

与实施方案相比,各村的安置方式变化较大。其中采取一次性补偿方式的由 107 个增加到 160 个,采取调地方式的由 95 个减少到 40 个,采取集体统筹方式的由 77 个变为 79 个。

在按照本村调地安置方式安置的 49 个村中,采用的基本方式是补产调地,具体补偿标准,有按照每亩每年 1 000 斤(1 斤 = 0.5 kg,全书同)小麦补偿的,有按照每亩每年 1 000 元钱补偿的。由于土地补偿款支付到户是随村内调地时间确定,各村调地时间安排各不相同,因此资金兑付到户有一个过程,乡镇移民征迁机构应加强监督,落实村民自治和民主管理,确保生产安置到位。黄河下游近期防洪工程(山东段)移民生产安置实施进展情况见表 5-5。

5.4.3　小结

(1)永久占地协议签订基本结束,移交顺利。

截至本次调查,工程建设永久占地涉及 20 个单项工程签订工程征地协议累计6 696.79 亩,占实施方案的 99.1%。

工程永久占压区土地移交累计 6 696.79 亩,占实施方案的 99.1%,占协议签订的 100%。

(2)占地村生产安置方式已确定,安置方式有所调整。

生产安置方式实施情况有一次性补偿、本村调地及集体统筹。19 个单项工程共涉及279 个村,实际涉及 255 个村。生产安置方式分类统计结果是:按照一次性补偿安置方式安置的 160 个村,按照本村调地安置方式安置的 40 个村,按照集体统筹方式安置的 79个村。

与实施方案相比,各村的安置方式变化较大。其中采取一次性补偿方式的由 107 个增加到 160 个,采取调地方式的由 95 个减少到 40 个,采取集体统筹方式的由 77 个变为79 个。

(3)问题及建议。

本村调地及集体统筹安置的村组,会有较大数额的集体土地补偿资金留在村级账户上。

建议实施机构加强村级补偿资金使用的监管,落实村民自治和民主管理,保证资金用于征迁群众的生产安置。

表 5-5　黄河下游近期防洪工程(山东段)移民生产安置实施情况表

序号	工程名称	建设范围	所处县(市、区)	实施方案/村				实施情况/村				人数/人	生产安置是否完成
				小计	一次性补偿	调地	集体统筹	小计	一次性补偿	调地	集体统筹		
I	山东段		11	279	107	95	77	279	160	40	79	4 571	
一	河口黄河防洪工程			72	7	8	57	72	13	7	52	606	
1	放淤固堤	190+618~191+140 191+770~192+600 196+260~196+704 199+613~199+943 200+207~200+808 200+884~201+194	东营	7	0	0	7	7	0	0	7	239	是
		203+850~203+950 212+150~212+982 217+430~219+100 246+700~247+680 253+800~255+100	垦利	10	2	1	7	10	8	0	2	116	是
2	堤防帮宽	189+121~201+300	东营	15	0	0	15	15	0	0	15	57	是
3	堤防帮宽	201+300~255+160	垦利	38	5	7	26	38	5	7	26	194	是
4	堤防道路	238+180~248+960	垦利	2	0	0	2	2	0	0	2	0	是
二	济南黄河防洪工程			22	12	10	0	22	6	13	3	434	

续表 5-5

序号	工程名称	建设范围	所处县(市、区)	实施方案/村				实施情况/村				人数/人	生产安置是否完成
				小计	一次性补偿	调地	集体统筹	小计	一次性补偿	调地	集体统筹		
1	放淤固堤	65+500~73+310	章丘	14	7	7	0	14	3	9	2	359	是
		64+574~65+100											
		73+550~74+560											
		75+850~76+450											
		77+150~77+970											
		86+630~87+700											
2	防浪林	86+500~91+653	章丘	4	3	1	0	4	1	2	1	62	是
3	险工改建	胡家岸新1#、1#~60#	章丘	4	2	2	0	4	2	2	0	13	是
		土城子1#、1#~3#											
		刘家园1#~4#											
三	聊城黄河防洪工程			40	17	20	3	40	22	13	5	1 648	
1	放淤固堤	3+050~3+710	阳谷	4	3	0	1	4	3	0	1	120	是
		4+220~5+512											
		9+800~13+000	东阿	5	2	3	0	5	4	0	1	614	是
		17+680~18+100											
2	放淤固堤	21+400~22+100	东阿	7	2	3	2	7	4	2	1	310	是
		22+100~27+000											

续表 5-5

序号	工程名称	建设范围	所处县（市、区）	实施方案/村				实施情况/村				人数/人	生产安置是否完成
				小计	一次性补偿	调地	集体统筹	小计	一次性补偿	调地	集体统筹		
3	放淤固堤	28+100~35+000	东阿	13	4	9	0	13	8	5	0	325	是
		37+600~44+200											
4	放淤固堤	46+680~53+500	东阿	11	6	5	0	11	3	6	2	279	是
		55+800~59+200											
四	淄博黄河防洪工程			29	0	29	0	29	20	7	2	524	
1	放淤固堤	120+125~127+700	高青	29	0	29	0	29	20	7	2	524	是
		147+770~148+750											
		152+220~154+350											
		156+150~159+100											
五	滨州黄河防洪工程			116	71	28	17	116	99	0	17	1 359	
1	放淤固堤	91+653~92+190	邹平	17	0	16	1	17	16	0	1	283	是
		93+000~95+200											
		95+250~97+000											
		111+200~112+100											
		109+560~110+200											

续表 5-5

序号	工程名称	建设范围	所处县(市、区)	实施方案/村				实施情况/村				人数/人	生产安置是否完成
				小计	一次性补偿	调地	集体统筹	小计	一次性补偿	调地	集体统筹		
2	放淤固堤	98+650~100+800 100+800~106+500	邹平	13	0	12	1	13	12	0	1	303	是
3	放淤固堤	162+300~163+500 164+600~167+050 174+700~178+830	高新	19	19	0	0	19	19	0	0	263	是
4	放淤固堤	178+830~182+650 185+750~189+121	博兴	15	0	0	15	15	0	0	15	163	是
5	堤防道路	280+500~291+033	滨城	14	14	0	0	14	14	0	0	0	否
6	堤防道路	252+317~260+725	滨开	2	2	0	0	2	2	0	0	0	否
7	防浪林	160+520~163+030 164+650~169+028 171+400~172+676 174+226~178+830	高新	36	36	0	0	36	36	0	0	347	是

注：表中数据基本由各地县(市、区)迁占部门提供,部分由监评调查核实。

5.5　临时占地及复垦情况

5.5.1　实施方案情况

5.5.1.1　临时占地

黄河下游近期防洪工程(山东段)占地处理及移民安置共需临时占地 25 224.68 亩；除济南章丘防浪林(86+500~91+653)工程和滨州滨城防浪林(160+520~163+030 等 4 段)工程 2 个单项工程不涉及临时占地外，其余 25 个均涉及临时占地。

在涉及临时占地的 25 个单项工程中，超过 4 000 亩的单项工程有 2 个，为河口垦利堤防帮宽(201+300~255+160)工程和河口利津堤防帮宽(295+000~305+900 等 4 段)工程，占地分别为 4 254.43 亩和 4 399.16 亩；占地最少的为淄博刘春家险工改建工程，占地 34.75 亩。

5.5.1.2　临时占地复垦

黄河下游近期防洪工程(山东段)占地处理及移民安置使用的临时占地全部是耕地，在占地结束后都需要进行复垦，复垦面积 25 224.68 亩。

临时占地土地复垦步骤和内容主要有：挖地方面复垦步骤有表层土处理、防渗、施工组织设计和田间配套设计；压地方面复垦步骤有地面清理、施工组织设计和田间配套设计。

5.5.2　协议签订和实施进展

截至本次监评，山东段各县(市、区)共签订临时占地协议 22 174.68 亩，签订协议占实施方案的 87.9%，较上期增加 7 100.07 亩，较上期增加 28.5 个百分点；实际征用 22 419.72 亩，较上期增加 7 283.27 亩，实际征用占协议的 101.1%。造成实际征用数量大于协议签订数量的原因为存在未签先占的现象。先行占压，待工程完工后，根据实际占压情况进行补偿。

个别单项存在协议签订后，没有实施的情况，主要为聊城堤防加固(3+050~3+710 等 4 段)工程(东阿县部分)和聊城堤防加固(21+400~27+000)工程。

山东段各县(市、区)单项工程临时占地的使用情况基本能够满足工程建设需要，见表 5-6。

5.5.3　临时占地复垦情况

截至本次监评，山东段各县(市、区)共签订临时占地协议 22 174.68 亩，其中 12 个单项工程完成或部分完成复垦工作，共完成复垦 13 877.49 亩，占协议的 62.6%，其中本期完成复垦 9 642.94 亩，较上期增加 34.5 个百分点。

其中，按协议完成复垦的单项工程有 12 个，分别为东平湖二级湖堤加高加固(6+574~26+731)工程、东平湖庞口闸扩建工程、滨州滨城堤防加固(162+300~163+500 等 3 段)工程、滨州博兴堤防加固(178+830~182+650、185+750~189+121)工程、滨州滨城堤顶道

表 5-6　山东段临时占地实施情况

单位：亩

序号	工程名称	建设范围	所处县（市、区）	实施方案	协议签订	实际征用	复垦
I	山东段		14	25 224.68	22 174.68	22 419.72	13 877.49
一	河口黄河防洪工程			11 574.14	11 386.29	11 386.29	8 498.82
1	放淤固堤	190+618~191+140 191+770~192+600 196+260~196+704 199+613~199+943 200+207~200+808 200+884~201+194	东营	640.84	640.84	640.84	417.99
		203+850~203+950 212+150~212+982 217+430~219+100 246+700~247+680 253+800~255+100	垦利	609.46	609.46	609.46	609.46
2	堤防帮宽	189+121~201+300	东营	1 030.78	1 030.78	1 030.78	1 030.78
3	堤防帮宽	201+300~255+160	垦利	4 254.43	4 254.43	4 254.43	4 104.33
4	堤防帮宽	295+000~305+900 310+600~319+000 322+000~327+750 329+000~355+264	利津	4 399.16	4 399.15	4 399.15	2 012.48
5	堤防道路	238+180~248+960	垦利	187.84	0	0	0

续表 5-6

序号	工程名称	建设范围	所处县（市、区）	实施方案	协议签订	实际征用	复垦
6	堤防道路	291+033~299+000	利津	296.37	296.37	296.37	168.52
		309+806~336+390					
7	险工改建	南坝头 2+1#、2-2#~2-6#	东营	68.31	68.31	68.31	68.31
		麻湾 11#					
		打渔张 12#~14#					
		下庄 1#~18#	垦利	86.95	86.95	86.95	86.95
		胜利 1#~28#					
二	东平湖黄河防洪工程			212.2	212.2	212.2	212.2
1	二级湖堤加高	6+574~73+800	东平	156.49	156.49	156.49	156.49
		17+800~26+731					
2	庞口闸		东平	55.71	55.71	55.71	55.71
三	济南黄河防洪工程			2 241.12	2 241.1	2 241.1	136.85
1	放淤固堤	65+500~73+310	章丘	1 210.92	1 210.92	1 210.92	0
		64+574~65+100					
		73+550~74+560					
		75+850~76+450					
		77+150~77+970					
		86+630~87+700					
2	险工改建	胡家岸新 1#、1#~60#	章丘	853.35	853.35	853.35	0
		土城子 1#、1#~3#					
		刘家园 1#~4#					

续表 5-6

序号	工程名称	建设范围	所处县(市、区)	实施方案	协议签订	实际征用	复垦
3	控导工程改建	下巴1#~4#、6#~8#、10#~14#、22#、25#、27#垛(15个),15#、17#、18#、20#、21#丁坝(5道),5#、9#、16#、19#、23#、24#、26#护岸(7段)	长清	176.85	176.83	176.83	136.85
		潘庄 3#~20#垛(23个)					136
四	聊城黄河防洪工程			2 982.83	1 304.76	1 446.8	
1	放淤固堤	3+050~3+710 4+220~5+512	阳谷	155.11	155.11	297.15	20
2	放淤固堤	9+800~13+000 17+680~18+100	东阿	387.17	313.88	313.88	0
3	放淤固堤	21+400~22+100 22+100~27+000	东阿	730.18	102.6	102.6	0
3	放淤固堤	28+100~35+000 37+600~44+200	东阿	852.77	326.24	326.24	0
4	放淤固堤	46+680~53+500 55+800~59+200	东阿	857.6	406.93	406.93	116
五	淄博黄河防洪工程			2 042.96	1 866.6	1 866.6	
1	放淤固堤	120+125~127+700 147+770~148+750 152+220~154+350 156+150~159+100	高青	2 008.21	1 831.85	1 831.85	0
2	险工改建	刘春家28#、40#、42#、44#	高青	34.75	34.75	34.75	0

续表 5-6

序号	工程名称	建设范围	所处县(市、区)	实施方案	协议签订	实际征用	复垦
六	滨州黄河防洪工程			6 171.43	5 163.73	5 266.73	4 893.62
1	放淤固堤	91+653~92+190 93+000~95+200 95+250~97+000 111+200~112+100 109+560~110+200	邹平	811.16	890.2	890.2	890.2
2	放淤固堤	98+650~100+800 100+800~106+500	邹平	2 023.09	1 439.73	1 439.73	1 439.73
3	放淤固堤	162+300~163+500 164+600~167+050 174+700~178+830	高新	1 598.87	1 555.76	1 555.76	1 555.76
4	放淤固堤	178+830~182+650 185+750~189+121	博兴	875.38	373.11	373.11	0
5	堤防道路	280+500~291+033	滨城	345.92	387.92	387.92	387.92
6	堤防道路	252+317~260+725	滨开	103.01	103.01	206.01	206.01
7	险工改建	梯子坝 1~1#、1#~2#	邹平	11.64	11.64	11.64	11.64
		大道王 11#、13#、15#、17#、19#、21#、25#、27#、29#、31#、33#、34#、36#、38#、40#、42#、44# 王家庄子 5#、7#、9#、11#、13#、19#~22#、23+1#、23~2#、24#、25+1#、25+2#、26#~35#、36+1#、36+2#	高新	68.96 140.05	68.96 140.05	68.96 140.05	68.96 140.05
		道旭 5#、29#~44#		26.48	26.48	26.48	26.48
		王旺庄 8#、9#、11#、12#、21#~28#、31#~32#、36#~41#	博兴	166.87	166.87	166.87	166.87

路(280+500~291+033)工程和滨州滨开堤顶道路(252+317~260+725)工程等。

正在复垦的单项工程有河口利津堤防帮宽(295+000~305+900 等 4 段)工程、聊城堤防加固(46+680~53+500、55+800~59+200)工程等,其他部分单项工程复垦工作正在进行,无法统计复垦面积。

5.5.4　小结

(1)临时占地协议签订及实施进展顺利,能够满足工程建设需要。

截至本次监评,山东段各县(市、区)共签订临时占地协议 22 174.68 亩,签订协议占实施方案的 87.9%,较上期增加 7 100.07 亩、增长 28.5 个百分点;实际征用 22 419.72 亩,较上期增加 7 283.27 亩,实际征用占协议的 101.1%。各单项工程临时占地的使用情况基本能够满足工程建设需要。

(2)临时占地复垦工作相继开展。

截至本次监评,山东段各县(市、区)共签订临时占地协议 22 174.68 亩,其中 12 个单项工程完成或部分完成复垦工作,共完成复垦 13 877.49 亩,完成占协议的 62.6%,其中本期完成复垦 9 642.94 亩,较上期增加 34.5 个百分点。

5.6　资金拨付情况

5.6.1　实施方案批复及投资情况

黄河下游近期防洪工程(山东段)占地处理及移民安置投资直接费主要包括两部分:一是农村移民补偿费;二是专业项目恢复改建补偿费。国家批复初设规划征迁安置规划投资直接费为 69 412.69 万元,其中农村移民补偿费 63 864.56 万元,专项恢复 5 548.13 万元。

实施方案征迁安置投资直接费 69 866.58 万元,其中农村移民补偿费 63 791.64 万元,专项恢复 6 074.94 万元。

实施方案较初设投资增加 453.89 万元。主要原因为实施方案阶段设计深度增加,核查工作进一步深入,征地边界进一步明确,临时占地、附属建筑物、专项恢复改建等补偿费有所增加。

5.6.2　资金到位及拨付情况

截至本次调查,山东黄河河务局工程建设中心已累计拨入各县(市、区)直接费 63 083.05 万元,其中本期拨入 4 703 万元。

各县(市、区)已累计拨付移民直接费 58 905.48 万元,占实施方案的 84.3%,占拨入的 93.4%。其中本期拨付 6 370.05 万元。

(1)资金拨入方面:拨入比例最高的是东平湖二级湖堤加高加固(6+574~26+731)工程,拨入占实施方案的 100%;而河口垦利堤顶道路(238+180~248+960)工程,因工程未开工而没有拨入资金。

（2）资金拨付方面:资金拨付高于拨入的单项工程有东平湖二级湖堤加高加固(6+574~26+731)工程,拨付资金 98.94 万元,占拨入的 100%;聊城堤防加固(3+050~3+710等 4 段)工程(阳谷县部分),拨付资金 644 万元,占拨入的 101.7%。拨付资金等于拨入的单项工程有 9 个,分别为东平湖庞口闸扩建工程、滨州市邹平市堤防加固(91+653~92+190 等 5 段)工程、滨州市邹平市堤防加固(98+650~106+500)工程、滨州滨城堤防加固(162+300~163+500 等 3 段)工程、滨州博兴堤防加固(178+830~182+650、185+750~189+121)工程、滨州滨城堤顶道路(280+500~291+033)工程等。

黄河下游近期防洪工程(山东段)各单项工程直接费情况见表 5-7。

表 5-7　黄河下游近期防洪工程(山东段)各单项工程直接费情况表

序号	工程名称	所处县(市、区)	项目名称	实施方案投资/万元	上级下达投资计划/万元	拨入资金/万元	拨付资金/万元	拨付比例/%		
								占方案	占计划	占拨入
I	山东段	14	A 农村移民补偿费	63 791.64	62 522.12		55 075.68	86.3	88.1	
			B 专业项目恢复改建	6 074.94	6 043.74		3 829.8	63.0	63.4	
			A、B 项合计	69 866.58	68 565.86	63 083.05	58 905.48	84.3	85.9	93.4
一	河口黄河防洪工程	3	A 农村移民补偿费	16 408.05	15 138.53	14 989.99	13 865.2	84.5	91.6	92.5
			B 专业项目恢复改建	1 276.09	1 244.89	1 243.85	1 224.02	95.9	98.3	98.4
			A、B 项合计	17 684.14	16 383.42	16 233.84	15 089.22	85.3	92.1	92.9
1	放淤固堤	东营	A 农村移民补偿费	2 285.62	1 792.64	1 792.64	1 792.64	78.4	100	100
			B 专业项目恢复改建	20.58	20.58	20.58	20.58	100	100	100
			A、B 项合计	2 306.2	1 813.22	1 813.22	1 813.22	78.6	100	100
		垦利	A 农村移民补偿费	1 777.96	1 777.96	1 777.96	1 641.36	92.3	92.3	92.3
			B 专业项目恢复改建	418.14	418.14	418.14	409.56	97.9	97.9	98
			A、B 项合计	2 196.1	2 196.1	2 196.1	2 050.92	93.4	93.4	93.4
2	堤防帮宽	东营	A 农村移民补偿费	1 116.28	1 001.15	1 001.15	1 001.15	89.7	100	100
			B 专业项目恢复改建	31.75	31.75	31.75	31.75	100	100	100
			A、B 项合计	1 148.03	1 032.9	1 032.9	1 032.9	90	100	100
3	堤防帮宽	垦利	A 农村移民补偿费	5 314.98	5 268.94	5 268.94	4 296.49	80.8	81.5	81.5
			B 专业项目恢复改建	99.21	99.21	99.21	87.96	88.7	88.7	88.7
			A、B 项合计	5 414.19	5 368.15	5 368.15	4 384.45	81	81.7	81.7
4	堤防帮宽	利津	A 农村移民补偿费	5 411.31	4 795.94	4 795.94	4 795.94	88.6	100	100
			B 专业项目恢复改建	705.37	674.17	674.17	674.17	95.6	100	100
			A、B 项合计	6 116.68	5 470.11	5 470.11	5 470.11	89.4	100	100
5	堤防道路	垦利	A 农村移民补偿费	148.54	148.54	0	0	0	0	0
			B 专业项目恢复改建	0	0	0	0	0	0	0
			A、B 项合计	148.54	148.54	0	0	0	0	0

续表 5-7

序号	工程名称	所处县(市、区)	项目名称	实施方案投资/万元	上级下达投资计划/万元	拨入资金/万元	拨付资金/万元	拨付比例/%		
								占方案	占计划	占拨入
6	堤防道路	利津	A农村移民补偿费	208.15	208.15	208.15	208.15	100	100	100
			B专业项目恢复改建	1.04	1.04	0	0	0	0	0
			A、B项合计	209.19	209.19	208.15	208.15	99.5	99.5	100
7	险工改建	东营	A农村移民补偿费	65.27	65.27	65.27	65.27	100	100	100
			B专业项目恢复改建	0	0	0	0	0	0	0
			A、B项合计	65.27	65.27	65.27	65.27	100	100	100
		垦利	A农村移民补偿费	79.94	79.94	79.94	64.2	80.3	80.3	80.3
			B专业项目恢复改建	0	0	0	0	0	0	0
			A、B项合计	79.94	79.94	79.94	64.2	80.3	80.3	80.3
二	东平湖黄河防洪工程	1	A农村移民补偿费	150.63	150.63	132.66	132.66	88.1	88.1	100
			B专业项目恢复改建	0	0	0	0	0	0	0
			A、B项合计	150.63	150.63	132.66	132.66	88.1	88.1	100
1	二级湖堤加高	东平	A农村移民补偿费	97.98	97.98	98.94	98.94	101	101	100
			B专业项目恢复改建	0	0	0	0	0	0	0
			A、B项合计	97.98	97.98	98.94	98.94	101	101	100
2	庞口闸	东平	A农村移民补偿费	52.65	52.65	33.72	33.72	64.1	64.0	100
			B专业项目恢复改建	0	0	0	0	0	0	0
			A、B项合计	52.65	52.65	33.72	33.72	64.1	64.0	100
三	济南黄河防洪工程	2	A农村移民补偿费	7 902.11	7 902.11	8 866.6	7 012.9	88.7	88.7	
			B专业项目恢复改建	1 808.83	1 808.83		1 415.5	78.3	78.3	
			A、B项合计	9 710.94	9 710.94		8 428.4	86.8	86.8	
1	放淤固堤	章丘	A农村移民补偿费	6 174.07	6 174.07	8 150.47	5 333.15	86.4	86.4	
			B专业项目恢复改建	1 382.34	1 382.34		1 129.17	81.7	81.7	
			A、B项合计	7 556.41	7 556.41		6 462.32	85.5	85.5	
2	防浪林	章丘	A农村移民补偿费	497.92	497.92		479.31	96.3	96.3	
			B专业项目恢复改建	269.32	269.32		252.17	93.6	93.6	
			A、B项合计	767.24	767.24		731.48	95.3	95.3	
3	险工改建	章丘	A农村移民补偿费	895.9	895.9		895.5	100.0	100.0	
			B专业项目恢复改建	2.07	2.07		0.5	24.2	24.2	
			A、B项合计	897.97	897.97		896	99.8	99.8	
4	控导工程改建	长清	A农村移民补偿费	334.22	334.22	716.13	304.9	91.2	91.2	
			B专业项目恢复改建	155.1	155.1		33.64	21.7	21.7	
			A、B项合计	489.32	489.32		338.54	69.2	69.2	

续表 5-7

序号	工程名称	所处县（市、区）	项目名称	实施方案投资/万元	上级下达投资计划/万元	拨入资金/万元	拨付资金/万元	拨付比例/%		
								占方案	占计划	占拨入
四	聊城黄河防洪工程	2	A 农村移民补偿费	13 674.37	13 674.37		11 434.64	84.2	84.2	
			B 专业项目恢复改建	1 014.05	1 014.05		85.4	8.4	8.4	
			A、B 项合计	14 688.42	14 688.42	13 248.06	11 520.04	79.0	79.0	87.6
1	放淤固堤	阳谷	A 农村移民补偿费	676.57	676.57	642.66	557.88	82.5	82.5	86.8
			B 专业项目恢复改建	85.58	85.58	85.4	85.4	99.8	99.8	100
			A、B 项合计	762.15	762.15	728.06	643.28	84.4	84.4	88.4
		东阿	A 农村移民补偿费	1 544.35	1 544.35		1 449.31	93.8	93.8	
			B 专业项目恢复改建	115.05	115.05		0	0	0	
			A、B 项合计	1 659.4	1 659.4		1 449.31	87.3	87.3	
2	放淤固堤	东阿	A 农村移民补偿费	3 229.05	3 229.05		2 474.98	76.6	76.6	
			B 专业项目恢复改建	147.81	147.81		0	0	0	
			A、B 项合计	3 376.86	3 376.86		2 474.98	73.3	73.3	
3	放淤固堤	东阿	A 农村移民补偿费	4 557.7	4 557.7	12 520	3 907.62	85.7	85.7	
			B 专业项目恢复改建	375.99	375.99		0	0	0	
			A、B 项合计	4 933.69	4 933.69		3 907.62	79.2	79.2	
4	放淤固堤	东阿	A 农村移民补偿费	3 666.7	3 666.7		3 044.85	83.0	83.0	
			B 专业项目恢复改建	289.62	289.62		0	0	0	
			A、B 项合计	3 956.32	3 956.32		3 044.85	77.0	77.0	
五	淄博黄河防洪工程	1	A 农村移民补偿费	7 366.07	7 366.07		7 296.95	99.1	99.1	
			B 专业项目恢复改建	951.58	951.58		383.63	40.3	40.3	
			A、B 项合计	8 317.65	8 317.65	8 499.75	7 680.58	92.3	92.3	90.4
1	放淤固堤	高青	A 农村移民补偿费	7 324.7	7 324.7		7 255.58	99.1	99.1	
			B 专业项目恢复改建	951.06	951.06		383.11	40.3	40.3	
			A、B 项合计	8 275.76	8 275.76		7 638.69	92.3	92.3	
2	险工改建	高青	A 农村移民补偿费	41.37	41.37		41.37	100	100	
			B 专业项目恢复改建	0.52	0.52		0.52	100	100	
			A、B 项合计	41.89	41.89		41.89	100	100	
六	滨州黄河防洪工程	5	A 农村移民补偿费	18 290.41	18 290.41	15 271.65	15 247.93	83.4	83.4	99.8
			B 专业项目恢复改建	1 024.39	1 024.39	830.49	721.25	70.4	70.4	86.8
			A、B 项合计	19 314.8	19 314.8	16 102.14	15 969.18	82.7	82.7	99.2
1	放淤固堤	邹平	A 农村移民补偿费	3 404.92	3 404.92	3 173.4	3 173.4	93.2	93.2	100
			B 专业项目恢复改建	216.42	216.42	181.25	181.25	83.7	83.7	100
			A、B 项合计	3 621.34	3 621.34	3 354.65	3 354.65	92.6	92.6	100
2	放淤固堤	邹平	A 农村移民补偿费	4 792.74	4 792.74	3 477.22	3 477.22	72.6	72.6	100
			B 专业项目恢复改建	320.43	320.43	218.6	109.36	34.1	34.1	50.0
			A、B 项合计	5 113.17	5 113.17	3 695.82	3 586.58	70.1	70.1	97.0

续表 5-7

序号	工程名称	所处县(市、区)	项目名称	实施方案投资/万元	上级下达投资计划/万元	拨入资金/万元	拨付资金/万元	拨付比例/%		
								占方案	占计划	占拨入
3	放淤固堤	高新	A 农村移民补偿费	4 185.77	4 185.77	3 781.17	3 781.17	90.3	90.3	100
			B 专业项目恢复改建	67.75	67.75	44.36	44.36	65.5	65.5	100
			A、B 项合计	4 253.52	4 253.52	3 825.53	3 825.53	89.9	89.9	100
4	放淤固堤	博兴	A 农村移民补偿费	3 114.63	3 114.63	2 236.22	2 236.22	71.8	71.8	100
			B 专业项目恢复改建	230.07	230.07	214.76	214.76	93.3	93.3	100
			A、B 项合计	3 344.7	3 344.7	2 450.98	2 450.98	73.3	73.3	100
5	堤防道路	滨城	A 农村移民补偿费	411.28	411.28	293.56	293.56	71.4	71.4	100
			B 专业项目恢复改建	2.34	2.34	0	0	0	0	0
			A、B 项合计	413.62	413.62	293.56	293.56	71.0	71.0	100
6	堤防道路	滨开	A 农村移民补偿费	232.7	232.7	212.83	189.11	81.3	81.3	88.9
			B 专业项目恢复改建	26.31	26.31	26.31	26.31	100	100	100
			A、B 项合计	259.01	259.01	239.14	215.42	83.2	83.2	90.1
7	防浪林	高新	A 农村移民补偿费	1 695.83	1 695.83	1 693.02	1 693.02	99.8	99.8	100
			B 专业项目恢复改建	12.41	12.41	0	0	0	0	0
			A、B 项合计	1 708.24	1 708.24	1 693.02	1 693.02	99.1	99.1	100
8	险工改建	邹平	A 农村移民补偿费	47.15	47.15	45.14	45.14	95.7	95.7	100
			B 专业项目恢复改建	96.18	96.18	95.13	95.13	98.9	98.9	100
			A、B 项合计	143.33	143.33	140.27	140.27	97.9	97.9	100
		高新	A 农村移民补偿费	244.37	244.37	198.07	198.07	81.1	81.1	100
			B 专业项目恢复改建	36.12	36.12	34.52	34.52	95.6	95.6	100
			A、B 项合计	280.49	280.49	232.59	232.59	82.9	82.9	100
		博兴	A 农村移民补偿费	161.02	161.02	161.02	161.02	100.0	100.0	100
			B 专业项目恢复改建	16.36	16.36	15.56	15.56	95.1	95.1	100
			A、B 项合计	177.38	177.38	176.58	176.58	99.5	99.5	100

注:表中数据来源于各县(市、区)实施机构。

5.6.3 小结

(1)资金拨付基本按照实施方案执行。

集体资金由各县迁占办经乡镇拨付到各村的账户上,个人补偿资金由迁占办或乡镇直接拨付到个人账户上。各类资金补偿标准基本按照实施方案执行,公开透明。未发现因补偿标准执行发生纠纷的现象。

(2)资金累计拨付总体较好。

本期各县(市、区)拨入资金 4 703 万元,各县(市、区)本期拨付资金 6 370.05 万元。截至本次调查,已累计拨入资金 63 083.05 万元,占实施方案投资的 90.3%。各县已累计拨付 58 905.48 万元,占实施方案投资的 84.3%,占拨入的 93.4%。

（3）问题及建议。

单项工程资金多以总项的形式拨入各县（市、区）征迁机构，未列出分项资金，不利于与实施方案比较，无法掌握各分项资金拨入进度，如章丘市、东阿县和高青县。

建议相关征迁机构根据各单项工程、各占地村、各分项等，列出资金明细，做到资金下达、统计清楚、明晰，以便管理、检查及验收。

5.7　典型村户调查

按照项目批复及管理的需要，在这里典型调查情况按照单项工程进行整理、汇总及分析，关于各县（市、区）典型调查的情况，见各县（市、区）报告。

5.7.1　永久占地典型村户选取情况

按照选取原则，本次监评选取了涉及永久占地的 15 个典型工程的 39 个村，包括 23 个占地村、16 个搬迁村；选取了 152 户，包括 93 户占地户、59 户搬迁户，见表 5-8。

表 5-8　典型调查村、户选取情况

序号	单项工程名称	典型村/个	典型村类型		典型户/户	典型户类型	
			占地/个	搬迁/个		占地	搬迁
	合计	39	23	16	152	93	59
1	河口堤防加固（190+618~201+194 等 6 段）工程（东营区）	2	2	0	11	11	0
	河口堤防加固（203+850~203+950 等 5 段）工程（垦利区）	5	3	2	21	11	10
2	河口东营堤防帮宽（189+121~201+300）工程	2	2	0	10	10	0
3	河口垦利堤防帮宽（201+300~255+160）工程	11	8	3	51	31	20
4	济南章丘堤防加固（64+574~87+700 等 6 段）工程	1	0	1	2	0	2
5	济南胡家岸、土城子、刘家园险工改建工程	1	1	0	2	2	0
6	济南章丘防浪林（86+500~91+653）工程	1	1	0	2	2	0
7	聊城堤防加固（3+050~3+710 等 4 段）工程（阳谷县）	2	1	1	14	13	1
	聊城堤防加固（3+050~3+710 等 4 段）工程（东阿县）	1	1	0	2	2	0
8	聊城堤防加固（21+400~27+000）工程	1	0	1	2	0	2
9	聊城堤防加固（28+100~35+000、37+600~44+200）工程	1	0	1	2	0	2
10	聊城堤防加固（46+680~53+500、55+800~59+200）工程	1	0	1	2	0	2
11	淄博堤防加固（120+125~127+700 等 4 段）工程	2	1	1	4	2	2
12	滨州邹平堤防加固（91+653~92+190 等 5 段）工程	1	0	1	6	0	6
13	滨州邹平堤防加固（98+650~106+500）工程	2	1	1	10	5	5
14	滨州滨城堤防加固（162+300~163+500 等 3 段）工程	1	1	0	1	1	0
15	滨州博兴堤防加固（178+830~182+650、185+750~189+121）工程	4	1	3	10	3	7

注：占地指仅占地。

5.7.1.1　典型村

1. 集体补偿资金兑付抽查情况

2014年7月在进行第三次监测评估时,对集体补偿资金兑付抽查情况表明部分县(市、区)集体补偿资金已经全部到位,例如东阿县、章丘市和高青县等,本次监评未进行再次抽查。其余部分县(市、区)集体补偿资金已经全部到位。

本次抽查结果表明,39个典型村的集体补偿资金除阳谷县阿城镇东铺村部分到位外,其余38个村已经全部到位。

其中阳谷县阿城镇东铺村的情况是:按照协议集体补偿金额应兑219.3万元,实际兑付202.3万元,兑付比例为92.25%;差额17万元未兑付。村里反映未全部兑付的原因是上级还未将该村集体补偿资金全部拨付到阳谷县。根据县级部门反映是阿城镇有关人员将资金挪用,正在进行处理。

各县(市、区)典型村集体补偿资金的有关明细见各有关县(市、区)报告。

2. 生活安置情况

39个典型村有16个村有安置任务,共271户。东阿县等部分新安置点房屋都已经建成,章丘市姜庄安置点还没有动工,垦利区胜坨镇的吴家村等4个村正在建设。新房建成150户,在建65户,未动工54户,其他情况2户。

到2014年12月底,陆续搬迁到新房居住150户;借房47户,租房42户,临时房4户,老宅院23户,其他情况5户,见表5-9。

各县(市、区)典型村生活安置情况见各有关县(市、区)报告。

3. 永久占地及生产安置

39个典型村的生产安置情况是:①一次性补偿安置:前关山等4个村一次性补偿,已经完成安置;②本村调地安置:毕庄和董圈等11个村本村调地,部分村已于2014年10月种麦前调整完毕,部分村还没有调地;③集体统筹安置:24个集体统筹安置村大部分村土地没有调整,但是土地补偿费已在村账户中存放,见表5-10。

各县(市、区)典型村生产安置情况见各有关县(市、区)报告。

5.7.1.2　典型户

本次监评调查选择了152户典型户,其中生产安置93户,生活安置59户。生活安置方面:59户典型户中,东营区和章丘市的32户目前租房居住,东营区的新房正在建设,章丘市的新房还没有开始建设;其余的27户已搬迁到新房居住。生产安置方面:93户典型户中,一次性补偿安置22户,已经完成生产安置;本村调地安置的37户,完成安置35户,集体统筹安置的34户,补偿增加已经到村级账户,部分项目已经实施。

各县(市、区)典型户生活、生产安置情况见各有关县(市、区)报告。

表 5-9　典型村生活安置方式

单位：户

序号	单项工程名称	典型村	安置任务	目前安置情况						建房情况			
				新房	借房	租房	临时房	老宅院	其他	建成	在建	未动工	其他
	合计	16	271	150	47	42	4	23	5	150	65	54	2
1	河口堤防加固（203+850～203+950 等 5 段）工程（垦利区）	2	26	23	0	3	0	0	0	23	1	2	0
2	河口垦利堤帮宽（201+300～255+160）工程	3	62	0	14	39	4	5	0	0	62	0	0
3	济南章丘堤防加固（64+574～87+700 等 6 段）工程	1	26	0	26	0	0	0	0	0	0	26	0
4	聊城堤防加固（3+050～3+710 等 4 段）工程（阳谷县）	1	3	1	0	0	0	0	2	1	0	0	2
5	聊城堤防加固（21+400～27+000）工程	1	18	18	0	0	0	0	0	18	0	0	0
6	聊城堤防加固（28+100～35+000,37+600～44+200）工程	1	49	49	0	0	0	0	0	49	0	0	0
7	聊城堤防加固（46+680～53+500,55+800～59+200）工程	1	32	32	0	0	0	0	0	32	0	0	0
8	淄博堤防加固（120+125～127+700 等 4 段）工程	1	9	6	0	0	0	3	0	6	0	3	0
9	滨州邹平堤防加固（91+653～92+190 等 5 段）工程	1	12	7	5	0	0	0	0	7	0	5	0
10	滨州邹平堤防加固（98+650～106+500）工程	1	8	5	0	0	0	0	3	5	0	3	0
11	滨州博兴堤防加固（178+830～182+650,185+750～189+121）工程	3	26	9	2	0	0	15	0	9	2	15	0

注：结合各县级移民机构提供资料，监评人员现场核实。

表 5-10　典型村生产安置情况

单位：个

序号	单项工程名称	典型村	典型村类型		生产安置方式		
			占地	搬迁	一次性补偿	本村调地	集体统筹
	合计	39	23	16	4	11	24
1	河口堤防加固（190+618~201+194 等 6 段）工程（东营区）	2	2	0	0	0	2
	河口堤防加固（203+850~203+950 等 5 段）工程（垦利区）	5	3	2	1	0	4
2	河口东营提帮宽（189+121~201+300）工程	2	2	0	0	0	2
3	河口垦利提帮宽（201+300~255+160）工程	11	8	3	0	1	10
4	济南章丘堤防加固（64+574~87+700 等 6 段）工程	1	0	1	0	1	0
5	济南胡家岸、土城子、刘家园险工改建工程	1	1	0	0	1	0
6	济南章丘防浪林（86+500~91+653）工程	1	1	0	0	1	0
7	聊城堤防加固（3+050~3+710 等 4 段）工程（阳谷县）	2	1	1	1	0	1
	聊城堤防加固（3+050~3+710 等 4 段）工程（东阿县）	1	1	0	1	0	0
8	聊城堤防加固（21+400~27+000）工程	1	0	1	0	0	1
9	聊城堤防加固（28+100~35+000,37+600~44+200）工程	1	0	1	0	1	0
10	聊城堤防加固（46+680~53+500,55+800~59+200）工程	1	0	1	0	1	0
11	淄博堤防加固（120+125~127+700 等 4 段）工程	2	1	1	1	1	0
12	滨州邹平堤防加固（91+653~92+190 等 5 段）工程	1	0	1	0	1	0
13	滨州邹平堤防加固（98+650~106+500）工程	2	1	1	0	2	0
14	滨州滨城堤防加固（162+300~163+500 等 3 段）工程	1	1	0	0	1	0
15	滨州博兴堤防加固（178+830~182+650,185+750~189+121）工程	4	1	3	0	0	4

注：结合实施方案和村级访谈资料填写。

【生活安置典型调查案例】

生活安置典型调查——案例 1

调查时间:2015 年 1 月 18 日

地点:鱼山镇南城村

被调查人员:GYZ

事件:单项工程Ⅱ于 2013 年 4 月开始拆迁,到 6 月底基本拆迁完毕。原计划拆迁 71 户,由于上堤辅道变更实际拆迁 67 户。其中南城村原计划拆迁 20 户,由于上堤辅道变更实际拆迁 18 户。

调查内容:

1. 家庭基本情况包括:家庭人口 4 人,居住砖木平房 106 m²,人均住房面积 26.5 m²。

2. 拆迁情况:2013 年 6 月 10 日全部拆迁完毕。

3. 补偿兑付情况:各种补偿计 84 536.5 元,已经于 2013 年底兑付。

4. 生活安置方式:集中安置在村北边,紧邻村委会。

5. 过渡期安置情况:现居住在新宅院;过渡期已经结束,按照每月 300 元共 12 个月计算,计 3 600 元。

6. 建房情况:新房建成;采用自建的方式建房。

注:2014 年 7 月调查时候,南城村拆迁户表示个人补偿费没有完全兑付到位。经核实,情况是鱼山镇其他的村生活安置没有统一划拨宅基地,每户补偿 12 000 元。而南城村实际已统一划拨宅基地,拆迁户认为也应该补偿 12 000 元,是拆迁户对政策没有理解透彻所致,已在现场给予解释说明。

生活安置典型调查——案例 2

调查时间:2015 年 1 月 8 日

地点:邹平市码头镇延西村

被调查人员:HYH

事件:单项工程Ⅰ滨州邹平堤防加固(91+653~92+190 等 5 段)工程,实施需拆迁 HYH 房屋 240.5 m²。

调查内容:

1. 家庭基本情况包括:HYH 家庭共 5 人,其中劳动力 3 人。家庭经济收入来自转让土地承包经营权收入和打工收入。搬迁前一家人居住砖混结构的房子,建筑面积 302.64 m²。

2. 拆迁情况:经各级相关人员的丈量,房屋方面:砖混结构 119.54 m²,砖木结构 152.98 m²,杂房 30.12 m²,水泥地面 150.35 m²,砖混围墙 46.79 m²,清水围墙 14.99 m²,共计 514.77 m²;附属物方面:灶台 1 个、锅台 1 座、固定电话 1 座、有线电视 1 户、小机井 1 口、化粪池 1 个;树木:大树 3 棵、中树 2 棵。签订协议后,HYH 全家按期搬离原住所,搬至出租房居住。原住所于 5 月底拆迁完毕。

3. 补偿兑付情况:根据拆迁补偿标准,砖混 648 元/m²、砖木 559 元/m²、杂房 350~450 元/m²;砖混围墙 30~40 元/m²、锅台 150~270 元/座、自来水井 500 元/口、粪坑 50 元/个、鸡窝 50 元/个;大树 55 元/棵、中树 40 元/棵。房屋补偿费 175 405 元,附属物补偿费 22 868.00 元,树木补偿费 515.00 元,共计 73 781.90 元。补偿协议已签,补偿款已全部兑付个人。

4. 生活安置方式:分散安置,本村划的新宅基地,截至本次监评 HYH 家的新房子已经建成并入住。

5. 过渡期安置情况:根据访谈,HYH 一家过渡期生活补助 900 元/户。

生产安置典型调查——案例 3

调查时间:2015 年 1 月 28 日

地点:阳谷县阿城镇陶城铺东铺村

被调查对象:村民 LJP

事件:聊城市堤防加固工程(3+050~3+710、4+220~5+512),工程建设永久占压耕地 115.45 亩,占压时间为 2013 年 3 月。

调查内容:

1. 家庭基本情况:村民 LJP 家庭共 6 口人,占地前有耕地 4.8 亩,主要种植小麦和玉米,一年两熟,小麦亩产约 900 斤,单价 1.3 元/斤,玉米亩产约 1 000 斤,单价 1.11 元/斤,扣除必要的生产开支,农业收入一年 3 000 元左右;家中常年外出打工的有 2 人,最近两年都是在外地干建筑工作,媳妇在离自己不远的包装加工厂打工,两人一年工资基本是家庭主要收入来源,加上农业收入,家庭年总收入 4 万多元,人均收入 7 千元左右;生活条件比以前好多了。

2. 永久占地情况:工程占压耕地 0.86 亩,于 2013 年 3 月占压。

3. 生产安置方式:关于生产安置方式,监测调查显示,村里通过召开村民大会,征求村民意见后,做出如下安排:给村里每人 3 000 元,剩余资金在本村发展蔬菜大棚事业和修路,关于调地安排,村在合适的时间再进行本村调地。村民 LJP 对此表示大部分村民都是赞成,他说:"如果不发展蔬菜大棚,自己是可以领取 10 000 多元的补偿,但发展蔬菜大棚能带来更长久、更丰厚的收益,还能积攒更多的种植经验,自己愿意为以后蔬菜大棚的发展做出贡献"。

村民 LJP 表示,占地后对家庭收入的影响并不大,目前家里主要还是依靠在外打工收入。

4. 补偿兑付情况:监测调查显示,村民 LJP 的青苗、零星树木等地上附着物的补偿资金已按照村里公示的数量、标准、金额兑付到位,村按人补贴的 3 000 元也已经按现金发放到人。

生产安置典型调查——案例 4

调查时间:2015 年 1 月 28 日

地点:牛角店镇董圈村

被调查对象:WHS

事件:单项工程 Ⅳ,占地时间是 2013 年 4 月,占地 334.85 亩,其中董圈村占地 44.01 亩。

调查内容:

1. 家庭基本情况包括:WHS 家庭 4 口人,土地数量 4.8 亩,儿子出外打工从事建筑业,一年收入 19 000 元,家庭年人均纯收入 8 762 元。收入构成:土地种植结构为小麦和玉米、年亩产量 900 斤、产值每亩 1 900 元左右。

2. 占地情况:2013 年 4 月被占地 0.5 亩。

3. 生产安置方式:确定已经征求村民意见,采用补产调地的方式进行。土地补偿资金在村账户中寄存,调地时间未定。

占地对 WHS 家收入影响不大,占 0.5 亩约损失 1 000 元的总收入,减去成本后利润 500 元左右,村里每年按照每亩 900 斤麦子补偿,约补偿 450 斤,基本上弥了占地损失。

4. 补偿兑付情况:土地补偿费是每亩 30 000 元,132.03 万元的补偿费已经足额在村账户寄存。

5.7.2　临时占地典型村户选取情况

按照选取原则,本次监评选取大店子等 32 个典型村,95 户典型户,见表 5-11。

表 5-11　山东段临时占地典型村户选取情况

序号	工程名称	所处县(市、区)	项目	典型村/个	典型户/户
Ⅰ	山东段	10	16	32	95
一	河口黄河防洪工程	3	5	13	56
1	放淤固堤	东营	临时占地	2	15
		垦利	临时占地	1	6
2	堤防帮宽	东营	临时占地	3	20
3	堤防帮宽	垦利	临时占地	3	15
4	堤防帮宽	利津	临时占地	3	0

续表 5-11

序号	工程名称	所处县 （市、区）	项目	典型村/个	典型户/户
5	险工改建	利津	临时占地	1	0
二	济南黄河防洪工程	1	1	1	3
1	放淤固堤	章丘	临时占地	1	3
三	聊城黄河防洪工程	2	4	5	11
1	放淤固堤	阳谷	临时占地	1	3
		东阿	临时占地	1	2
2	放淤固堤	东阿	临时占地	1	2
3	放淤固堤	东阿	临时占地	1	2
4	放淤固堤	东阿	临时占地	1	2
四	淄博黄河防洪工程	1	1	1	2
1	放淤固堤	高青	临时占地	1	2
五	滨州黄河防洪工程	3	5	12	23
1	放淤固堤	邹平	临时占地	2	5
2	放淤固堤	邹平	临时占地	2	8
3	放淤固堤	高新	临时占地	2	0
4	放淤固堤	博兴	临时占地	5	7
5	险工改建	博兴	临时占地	1	3

5.7.2.1　典型村临时占地实施情况

32 个典型村临时占地签订协议 5 942.78 亩,其中挖地 5 681.22 亩,压地 261.56 亩;补偿费 2 031.83 万元,其中挖地 1 966.90 万元,压地 64.93 万元。挖地挖深 1~2 m。

实际使用 6 090.07 亩,占协议签订的 102.5%,其中挖地 5 816.96 亩,占协议签订的 102.4%,压地 273.11 亩,占协议签订的 104.4%;补偿费 1 969.30 万元,占协议签订的 96.92%,其中挖地 1 903.22 万元,占协议签订的 96.76%,压地 66.08 万元,占协议签订的 101.77%。挖地挖深 1~2 m,与协议基本相同。

已复垦 1 469.51 亩,占协议签订的 24.7%,占实际使用的 24.1%,见表 5-12。

表 5-12 山东段临时占地典型村实施情况

序号	工程名称	所在县(市、区)	村庄	协议签订情况									实施情况							
				挖地					压地				挖地				压地			复垦/亩
				数量/亩	地类	补偿标准(元/亩)	补偿金额/元	挖深/m	数量/亩	地类	补偿标准(元/亩)	补偿金额/元	数量/亩	地类	拨付金额/元	挖深/m	数量/亩	地类	拨付金额/元	
Ⅰ	山东段	10	32	5 681.22			19 669 039		261.56			649 328	5 816.96	耕地	19 032 155		273.11		660 831	1 469.51
一	河口黄河防洪工程	3	13	3 594.49			9 390 765		112.23			230 657	3 594.49		9 390 765		117.48	耕地	242 160	655.5
1	放淤固堤	东营	2	153.27	耕地	2 000	306 500	2	0	—	—	0	153.27	耕地	306 500	2	0	—	0	153.27
2	堤防帮宽	垦利	1	244	耕地	2 000	487 360	1	32	耕地	1 950	63 297	244	耕地	487 360	1	32	耕地	63 297	0
3	堤防帮宽	东营	3	502.23	耕地	2 000	1 040 800	2	0	—	—	0	502.23	耕地	1 040 800	2	0	—	0	502.23
4	堤防帮宽	垦利	3	1 520	耕地	1 950	2 973 644	1	28	耕地	1 950	52 924	1 520	耕地	2 973 644	1	28	耕地	52 924	0
5	堤防帮宽	利津	3	1 125.56	耕地	3 900	4 389 684	1	52.23	耕地	2 191	114 436	1 125.56	耕地	4 389 684	1	52.23	耕地	114 436	0
	险工改建	利津	1	49.43	耕地	3 900	192 777	1	0	—	—	0	49.43	耕地	192 777	1	5.25	耕地	11 503	0
二	济南黄河防洪工程	1	1	721.47		3 254	2 347 663		72.54	耕地	3 254	236 045	721.47	耕地	2 347 663	1	72.54	耕地	236 045	794.01
1	放淤固堤	章丘	1	721.47	耕地	3 254	2 347 663		72.54	耕地	3 254	236 045	721.47	耕地	2 347 663	1	72.54	耕地	236 045	794.01
三	聊城黄河防洪工程	2	5	247.49			916 208		36.29			63 396	383.23	耕地	960 008	1	42.59		63 396	20
1	放淤固堤	阳谷	1	0	—	—	0	—	0	—	—	0	135.74	耕地	43 800	—	6.3	耕地	0	20
		东阿	1	0	—	—	0	—	9.77	耕地	1 851	14 308	0	—		—	9.77	耕地	14 308	0

续表 5-12

序号	工程名称	所在县（市、区）	村庄	协议签订情况									实施情况							
				挖地				压地					挖地			压地				复垦/亩
				数量/亩	地类	补偿标准/(元/亩)	补偿金额/元	挖深/m	数量/亩	地类	补偿标准/(元/亩)	补偿金额/元	数量/亩	地类	拨付金额/元	挖深/m	数量/亩	地类	拨付金额/元	
2	放淤固堤	东阿	1	0	—	—	0	—	5.4	耕地	1 851	9 995	0	—	—	—	5.4	耕地	9 995	0
3	放淤固堤	东阿	1	63	林地	3 702	233 226	1	20.4	耕地	1 851	37 760	63	林地	233 226	1	20.4	耕地	37 760	0
4	放淤固堤	东阿	1	184.49	林地	3 702	682 982	1	0.72	耕地	1 851	1 333	184.49	林地	682 982	1	0.72	耕地	1 333	0
四	淄博黄河防洪工程	1	1	367.32	耕地	4 402	1 616 942	1	0	—		0	367.32	耕地	1 616 942	1	0	耕地	1 616 942	0
1	放淤固堤	高青	1	367.32	耕地	4 402	1 616 942	1	0	—		0	367.32	耕地	1 616 942	1	0	耕地	1 616 942	0
五	滨州黄河防洪工程	3	12	750.45			539 746		40.5		—	119 230	750.45		4 716 777		40.5		119 230	0
1	放淤固堤	邹平	2	153.39	耕地	7 182	1 101 647	1.2	6.43	耕地	3 708	19 792	153.39	耕地	1 101 647	1.2	6.43	耕地	19 792	159.82
2	放淤固堤	邹平	2	580.01	耕地	7 182	4 165 632	1.2	23.39	耕地	3 708	71 994	580.01	耕地	3 484 948	1.2	23.39	耕地	71 994	603.4
3	放淤固堤	高新	2	9.85	耕地	7 969	78 497	1	0	—	—	0	9.85	耕地	78 497	1	0	耕地	0	9.85
4	放淤固堤	博兴	5	7.2	耕地	7 278	51 685	1.2	7.98	耕地	3 077	19 137	7.2	耕地	51 685	1.2	7.98	耕地	19 137	0
5	险工改建	博兴	1	0	—	—	0	—	2.7	耕地	3 077	8 307	0	—	0	—	2.7	耕地	8 307	0

注：根据县级报告整理。

5.7.2.2　典型户临时占地案例分析

临时挖地典型调查——案例 5

调查时间:2015 年 1 月 8 日

地点:单项工程Ⅱ码头镇大牛王村

被调查人员:WCF

事件:滨州邹平堤防加固(98+650～106+500)工程,工程临时占地占用了村民 WCF 共计 13.76 亩责任田,为该户全部责任田。

调查内容:村民 WCF 家庭人口 6 人,1 人正读大学。儿子和媳妇在外打工,常年在外,每年收入约 28 000 元。WCF 表示挖地前他家有 13.76 亩耕地,全部为水浇地,主要种植小麦和玉米,一年两熟,小麦亩产约 1 000 斤,毛收入约 13 760 元,扣除必要生产支出,净收入约 7 000 元;玉米亩产约 1 050 斤,毛收入约 14 448 元,扣除必要生产支出,净收入约 8 500 元,农业纯收入一年总计约 15 500 元,加上每年打工收入,一年收入约 42 500 元,人均可支配收入 7 250 元/年。

2013 年 9 月,邹平市黄河下游防洪工程开始进行对土料场取土,经量算,工程共占 WCF 耕地长 139 m、宽 66 m,面积 13.76 亩,全部为挖地。截至本次监评,WCF 家的 13.76 亩耕地的补偿补助已于 2013 年 10 月底前足额兑付到位,补偿标准为 7 182 元/亩,其中取土补偿 4 104 元/亩、青苗补贴 1 026 元/亩、复耕期产量补助为 2 052 元/亩,补偿补助资金共计 98 824.32 元。截至本次监评,已经复垦,目前已经种上小麦。见照片 1、照片 2。

WCF 家临时占地补偿协议

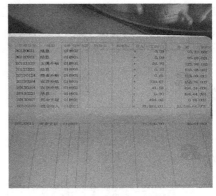

土地补偿补助资金兑付存折

临时挖(压)地典型调查——案例 6

调查时间:2015 年 1 月 29 日

地点:大桥镇王洼村

被调查人员:LPZ

事件:单项工程Ⅳ,临时占地从 2013 年 7 月开始,到目前还没有完全结束,规划临时占地 857.6 亩,实际已占用 406.93 亩,其中王洼村规划占用 149.4 亩,实际占用

149.4 亩。

调查内容:

1. 家庭基本情况包括:LPZ 家庭人口 5 口,土地数量 5.4 亩,儿子从事货物运输,年收入 30 000 元,家庭年人均纯收入 8 329 元,是家庭收入的主要来源;土地种植结构小麦和玉米轮种、年亩产量 900 斤、产值每亩 2 024 元。

2. 占地情况:2013 年挖地 0.6 亩,目前已经复垦和移交,复垦是原挖地取土单位复垦的。

3. 补偿兑付情况:青苗和树木已经补偿,其他补偿费没有回答。

到大桥镇村账乡管中心查阅,有关人员说还没有来得及整理。

5.7.3　移民抱怨及申诉

根据典型户入户调查情况,随着移民安置进程的推进和接近尾声,移民生活安置也基本到位,移民对有关问题的抱怨和申诉已开始进入平静期,例如东阿县、滨城区等;反映的有关问题主要有:①邹平市、章丘市搬迁户宅基地未落实;②高青县、博兴县工程影响大小难以准确界定及搬迁户确定较晚等。各县(市、区)移民抱怨及申诉情况见各有关县(市、区)报告。

5.7.4　小结

(1)移民安置基本完成。

调查及跟踪情况表明:移民生活安置基本完成,村级土地补偿费等集体资金都已经在各村账户,工程占地对有关村组收入影响不大,生产安置也基本完成。

(2)临时占地的及时复垦工作需加快进行。

临时占地的及时复垦,关系到工程顺利进展和土地的正常移交,已经完成占用的临时占地需及时复垦。

(3)移民申诉问题亟需尽快落实。

邹平市、章丘市搬迁户宅基地尚未落实;高青县、博兴县工程影响区搬迁户安置工作进展滞后;东营区社区建设进展缓慢等移民申诉的问题,有关县(市、区)亟需加快落实。

5.8　专业项目恢复改建情况

5.8.1　实施方案情况

黄河下游近期防洪工程山东段专业项目恢复改建规划总投资 6 074.94 万元,涉及 11 个县(市、区),分别是邹平市、滨州高新区、滨开区、博兴县、章丘市、高青县、东阿县、阳谷县、东营区、利津县和垦利区。

专业项目恢复改建涉及交通设施、输变电设施、通信设施、广播电视设施、水利设施及水文设施等类型。

5.8.2 恢复改建进展情况

专业项目恢复改建以县(市、区)为实施主体,按照"原规模、原标准、原功能"的三原原则,实行投资包干。

截至本次监评,山东段工程专业项目恢复改建共完成投资 3 829.78 万元,占总投资的 63.0%。比较上期增长 1 313.65 万元,增长 21 个百分点。

关于各县(市、区)及各单项工程的专项复建完成情况,见该县(市、区)报告。

黄河下游近期防洪工程(山东段)占地处理及移民安置专业项目恢复改建情况见表 5-13。

表 5-13 (山东段)专业项目恢复改建情况

序号	工程名称	所处县(市、区)	项目	实施方案投资/万元	完成资金/万元	完成比例/%
I	山东段	14	27	6 074.94	3 829.78	63.0
一	河口黄河防洪工程	3	7	1 276.09	1 224.02	95.9
1	放淤固堤	东营	专业项目恢复改建	20.58	20.58	100
		垦利	专业项目恢复改建	418.14	409.56	97.9
2	堤防帮宽	东营	专业项目恢复改建	31.75	31.75	100
3	堤防帮宽	垦利	专业项目恢复改建	99.21	87.96	88.7
4	堤防帮宽	利津	专业项目恢复改建	705.37	674.17	95.6
5	堤防道路	垦利	专业项目恢复改建	0	0	0
6	堤防道路	利津	专业项目恢复改建	1.04	0	0
7	险工改建	垦利	专业项目恢复改建	0	0	0
		利津	专业项目恢复改建	0	0	0
二	东平湖黄河防洪工程	1	2	0	0	0
1	二级湖堤加高	东平	专业项目恢复改建	0	0	0
2	庞口闸	东平	专业项目恢复改建	0	0	0
三	济南黄河防洪工程	2	4	1 808.83	1 415.48	78.3
1	放淤固堤	章丘	专业项目恢复改建	1 382.34	1 129.17	81.7
2	防浪林	章丘	专业项目恢复改建	269.32	252.17	93.6
3	险工改建	章丘	专业项目恢复改建	2.07	0.5	24.2
4	控导工程改建	长清	专业项目恢复改建	155.1	33.64	21.7
四	聊城黄河防洪工程	2	4	1 014.05	85.4	8.4

续表 5-13

序号	工程名称	所处县(市、区)	项目	实施方案投资/万元	完成资金/万元	完成比例/%
1	放淤固堤	阳谷	专业项目恢复改建	85.58	85.4	99.8
		东阿	专业项目恢复改建	115.05	0	0
2	放淤固堤	东阿	专业项目恢复改建	147.81	0	0
3	放淤固堤	东阿	专业项目恢复改建	375.99	0	0
4	放淤固堤	东阿	专业项目恢复改建	289.62	0	0
五	淄博黄河防洪工程	1	2	951.58	383.63	40.3
1	放淤固堤	高青	专业项目恢复改建	951.06	383.11	40.3
2	险工改建	高青	专业项目恢复改建	0.52	0.52	100
六	滨州黄河防洪工程	5	8	1 024.39	721.25	70.4
1	放淤固堤	邹平	专业项目恢复改建	216.42	181.25	83.7
2	放淤固堤	邹平	专业项目恢复改建	320.43	109.36	34.1
3	放淤固堤	高新	专业项目恢复改建	67.75	44.36	65.5
4	放淤固堤	博兴	专业项目恢复改建	230.07	214.76	93.3
5	堤防道路	滨城	专业项目恢复改建	2.34	0	0
6	堤防道路	滨开	专业项目恢复改建	26.31	26.31	100
7	防浪林	高新	专业项目恢复改建	12.41	0	0
8	险工改建	邹平	专业项目恢复改建	96.18	95.13	98.9
		高新	专业项目恢复改建	36.12	34.52	95.6
		博兴	专业项目恢复改建	16.36	15.56	95.1

注:表中数据来源于相关县(市、区)《实施方案》及相关县(市、区)征迁机构。

5.8.3　小结

截至本次监评,山东段工程专业项目恢复改建共完成投资 3 829.78 万元,占总投资的 63%,与上期比较,数量增加 1 313.65 万元,比例增加 21 个百分点。

专业项目恢复改建总体进展总体滞后。

建议加大组织协调力度,加快道路、通信、电力、水利设施及水文设施等项目恢复改建工作。

5.9　评价与建议

5.9.1　评价

（1）房屋拆迁进度总体较好,基本满足主体工程施工要求。

各单项工程完成拆迁各类房屋面积累计 93 427.60 m²,占实施方案的 91.4%,其中拆迁主房面积 83 538.85 m²,占实施方案的 81.7%;累计搬迁 589 户 2 349 人,占实施方案的 91.0% 和 90.5%。房屋拆迁进度总体较好,基本满足主体工程施工要求。

与上期监评相比,本期房屋拆迁面积增加 2 002.84 m²,本期建成房屋增加了 29 户。

（2）永久占地完成较好,为工程建设提供了保障。

各单项工程签订工程征地协议累计 6 696.79 亩,占实施方案的 99.1%。

工程永久占压区土地移交累计 6 696.79 亩,占实施方案的 99.1%,占协议签订的 100%。

工程占压区内永久用地的征地协议签订和土地移交,已经满足了工程建设的需要,为工程建设顺利进行提供了保障。

（3）临时占地进展能够满足工程建设需要,耕地复垦逐步开展。

各单项工程共签订临时占地协议 22 174.68 亩,签订协议占实施方案的 87.9%,较上期增加 7 100.07 亩,增加 28.5 个百分点;实际征用 22 419.72 亩,较上期增加 7 283.27 亩,实际征用占协议的 101.1%。各单项工程临时占地的使用情况基本能够满足工程建设需要。

各单项工程共签订临时占地协议 22 174.68 亩,各单项工程完成或部分完成复垦工作,共完成复垦 13 877.49 亩,完成占协议的 62.6%,其中本期完成复垦 9 642.94 亩,较上期增加 34.5 个百分点。耕地复垦逐步开展。

（4）资金拨付完成比例较高,基本按实施方案执行,公开透明。

山东段占地处理及移民安置资金拨付完成比例较高。

截至本次调查,已累计拨入资金 63 083.05 万元,其中从上次监评到本次监评期间拨入 4 703 万元,拨入占实施方案投资的 90.3%。已累计拨付征迁安置资金 58 905.48 万元,其中从上次监评到本次监评期间拨付 6 370.05 万元,拨付资金占实施方案投资的 84.3%,占拨入资金的 93.4%。资金拨入及拨付能够满足征迁工作进度需要。

在此期间,各类资金拨付按照实施方案执行,公开透明。未发现因补偿标准执行发生纠纷的现象。

（5）专业项目恢复改建工作有所进展,但仍总体滞后。

山东段占地处理及移民安置的专业项目恢复改建投资 6 074.94 万元,内容主要包括交通设施、输变电设施、通信设施、广播电视设施、水利设施、水文设施等的恢复改建。恢复改建工作,由有关县（市、区）负责实施。截至本次调查,专业项目恢复改建共完成投资 3 829.78 万元,占总投资的 63.0%,与上期比较,数量增加 1 313.65 万元,比例增加 21 个百分点。但是从总体上看,专业项目恢复改建工作进展仍总体滞后。

（6）移民合法权益能够得到维护，移民群众总体满意，尚有移民抱怨及申诉的问题亟需尽快解决。

典型调查表明，移民合法权益能够得到维护，移民群众总体满意，例如东阿县、滨城区等县（市、区）；邹平市、章丘市等县（市、区）尚有移民抱怨及申诉的问题亟需尽快解决。

5.9.2　存在问题与建议

（1）进一步完善项目档案资料。

各县实施机构对项目档案资料的完善工作更加重视，本期有明显的进展，大部分县在占地处理及移民安置方面的档案资料比较完整、齐全。但由于项目档案资料整理的要求较高、任务较为繁重，部分资料依然不够完整，个别县还不够重视。

建议各县（市、区）迁占机构进一步加强项目档案资料的收集与整编，明确到人，按照黄河水利委员会项目档案管理办法规定，使项目资料准确、完整、系统。

（2）进一步加快完成拆迁剩余工作。

邹平市、高青县等还有拆迁户因宅基地未落实等原因尚未完成搬迁。建议相关实施机构采取措施加快拆迁进度。

（3）进一步做好临时生活安置移民安抚工作。

对章丘区、邹平市、高青县等个别村中存在的宅基地不落实等问题。建议实施机构应敦促有关国土部门尽快落实，并做好临时安置移民的安抚工作。

第 6 章　移民安置后评价方法

黄河下游近期防洪工程项目移民安置后评价系统由众多经济指标、社会指标、资源指标和环境指标组成,虽然以定量指标的设计为主,但是为了能更好地全面体现评价目标,仍然采用了许多定性的模糊的指标,层次分析法是一种将定量计算和定性分析相结合的方法,能够将定性分析进行量化,不仅能够反映指标间的层次关系,而且有效解决了因素过多难于分配权重的弊端。因此,本次将选择采用层次分析法对该项目移民安置效果进行后评价。

层次分析法是由美国著名运筹学家萨蒂(T. L. Saaty)在 20 世纪 70 年代初提出的。层次分析法(analytical hierarchy porcess,简称 AHP)是一种具有定性分析与定量分析相结合的决策方法,可将决策者对复杂对象的决策思维过程系统化、模型化、数量化。其基本思想是通过分析复杂问题包含的各种元素及其相互关系,根据问题的性质和要达到的目标,将研究对象和问题分解为不同的组成元素,并按照各元素间的影响和隶属关系将所有因素自上而下、由高到低排列成若干层次结构,然后按某一准则对各层元素的相对重要性进行定量分析,构造判断矩阵,并通过解矩阵特征值问题,确定元素的排序权重,最后再进一步计算出各层次元素对总目标的组合权重,为决策问题提供数量化的决策依据。

由于各种项目移民评价系统涉及众多的因素和指标,且各种指标的性质和表现形式也存在差别,各指标间的隶属关系也比较复杂,如何确定各指标的权重是移民安置后评价的核心问题。而层次分析法将定性分析和定量分析有机地结合起来,并且把复杂的问题层次化,将难以定量的问题给出定量的处理方法,既考虑了各指标的权重,又避免了权重确定的主观性,具有较好的科学性和合理性。

运用层次分析法进行项目后评价,可分为以下 6 个步骤:

(1)明确问题,建立层次结构模型。

通过分析,找出问题所研究的全部元素,并按照元素之间的相互影响与作用进行分类,每类作为一个层次,按最高层(目标层,表示解决问题的目的)、若干有关的中间层(表示采用某种措施或根据某种准则来实现预定目标所涉及的中间环节)和最低层(表示解决问题的措施和方案)的形式排列起来形成一个层次结构模型。在这个层次结构中,某一中间层次的元素作为准则,对下一层次的元素起支配作用,同时,又从属于上一层次的某个元素。

(2)构造矩阵。

设某层有 n 个元素, $X = \{x_1, x_2, \cdots, x_n\}$。要比较它们对上一层某一准则(或目标)的影响程度,确定在该层中相对于某一准则所占的比例(把 n 个因素对上层某一目标的影响程度排序)。上述比较时两两因素之间进行的比较,取 1~9 尺度。用 a_{ij} 表示第 i 个因素相对于第 j 个因素的比较结果,则 a_{ji} 表示第 j 个因素相对于第 i 个因素的比较结果。

$$\partial_{ij} = \frac{1}{a_{ij}}$$

$$A = (\partial_{ij})_{n \times n} = \begin{pmatrix} a_{11} & \cdots & a_{1n} \\ \vdots & \ddots & \vdots \\ a_{n1} & \cdots & a_{nn} \end{pmatrix}$$

比较尺度(1~9尺度的含义),见表6-1。

表6-1　两两因素比较评定表

尺度	含义
1	第 i 个元素与第 j 个元素的影响相同
3	第 i 个元素与第 j 个元素的影响稍强
5	第 i 个元素与第 j 个元素的影响强
7	第 i 个元素与第 j 个元素的影响明显强
9	第 i 个元素与第 j 个元素的影响绝对强

2,4,6,8表示第 i 个因素相对于第 j 个因素的影响。结合上述两个相邻等级之间不难定义以上尺度倒数的含义,根据 $\partial_{ij} = 1/a_{ij}$,由上述定义知,成对比较矩阵 $A = (\partial_{ij})_{n \times n}$,满足以下性质:①$\partial_{ij} > 0$;②$\partial_{ij} = 1/a_{ij}$;③$\partial_{ij} = 1$,则称正互反阵。

本项目二级指标有社会指标、经济指标、资源指标、环境指标,经两两比较,可构造判断矩阵如下:

$$A = \begin{pmatrix} 1 & 1 & 2 & 3 \\ 1 & 1 & 3 & 4 \\ 1/2 & 1/3 & 1 & 1/2 \\ 1/3 & 1/4 & 2 & 1 \end{pmatrix}$$

(3)计算权重向量。

权重向量是由判断矩阵 A 求出的最大的特征根对应的单位特征向量,常用的方法有两种:方根法和合积法。

①方根法计算步骤。

计算判断矩阵每一行元素的乘积 M_i:

$$M_i = \prod_{j=1}^{n} b_{ij} \quad (i = 1,2,3,\cdots,n)$$

计算 M_i 的 n 次方根 $\overline{W_i}$:

$$\overline{W_i} = \sqrt[n]{M_i}$$

对向量 $\overline{W} = (\overline{W_1}, \overline{W_2}, \cdots, \overline{W_n})$ 归一化处理,即:

$$W_i = \frac{\overline{W_i}}{\sum\limits_{i=1}^{n} \overline{W_i}}$$

则 $W = (W_1, W_2, \cdots, W_n)$ 即为所求的权向量。

②合积法计算步骤。

对判断矩阵分一列归一化处理,即:

$$\overline{b_{ij}} = \frac{b_{ij}}{\sum\limits_{k=1}^{n} b_{kj}} \quad i,j = (1,2,3,\cdots,n)$$

每一列经归一化后的判断矩阵按行相加:

$$W_i = \sum\limits_{j=1}^{n} \overline{b_{ij}} \quad i,j = (1,2,3,\cdots,n)$$

所得 $W_i = (W_1, W_2, \cdots, W_n)$ 即为所求权向量。

(4)层次单排序及一致性检验。

利用判断矩阵,计算对于上一层某元素而言,本层次与之有联系的元素的重要性次序的权值(权向量)的过程,称为层次单排序。层次单排序可以归结为计算判断矩阵的特征值与特征向量的问题,对于判断矩阵 $\boldsymbol{B}$,求解满足 $\boldsymbol{B}U = \lambda U$ 的最大特征值 λ^* 的正规化(单位化)的特征向量 U^*,U^* 的分量即为相应元素的单排序权重。

计算判断矩阵的最大特征根 $\lambda_{\max}$:

$$\lambda_{\max} = \sum\limits_{i=1}^{n} \frac{(B-W)_i}{n-W_i}$$

式中:$(B-W)_i$ 表示向量 BW 的第 i 个元素。

$CI = (\lambda_{\max} - n)/(n-1)$ 作为检验 B 的一致性的指标(n 为判断矩阵 $\boldsymbol{B}$ 的阶数)。

查表 6-2 得平均随机一致性指标 RI,计算一致性比率 CR,CR = CI/RI。当 CR<0.1 时,认为层次单排序结果具有满意的一致性,否则需要调剂判断矩阵的元素取值。

表 6-2 平均随机一致性指标评定表

阶数	1	2	3	4	5	6	7	8	9	10
RI	0	0	0.58	0.90	1.12	1.24	1.32	1.41	1.45	1.49

(5)层次总排序。

确定某层所有因素对于总目标相对重要性的排序权值过程,称为层次总排序。从最高层到最底层逐层进行。设:A 层 m 个因素 $A_1, A_2, \cdots, A_m$,对总目标 Z 的排序为 a_1,$a_2, \cdots, a_m$。B 层 n 个因素对上层 A 中因素为 A_j 的层次单排序为 $b_{1j}, b_{2j}, \cdots, b_{mj}(j=1,2,\cdots,m)$。

B 层的层次总排序为:

$$B_1: a_1 b_{11} + a_2 b_{12} + \cdots + a_m b_{1m}$$
$$B_2: a_1 b_{21} + a_2 b_{22} + \cdots + a_m b_{2m}$$
$$\vdots$$

$$B_n : a_1 b_{n1} + a_2 b_{n2} + \cdots + a_m b_{nm}$$

即 B 层第 j 个因素对总目标的权值为 $\sum\limits_{j=1}^{n} a_j b_{ij}$，见表 6-3。

表 6-3　B 层总排序

A / B	$A_1, A_2, \cdots, A_m$ $B_1, B_2, \cdots, B_m$	B 层的层次总排序
B_1	$b_{11}, b_{12}, \cdots, b_{1m}$	$\sum\limits_{j=1}^{n} a_j b_{1j} = b_1$
B_2	$b_{21}, b_{22}, \cdots, b_{2m}$	$\sum\limits_{j=1}^{n} a_j b_{2j} = b_2$
$\vdots$	$\vdots$	$\vdots$
B_n	$b_{n1}, b_{n2}, \cdots, b_{nm}$	$\sum\limits_{j=1}^{n} a_j b_{nj} = b_n$

(6)层次总排序的一致性检测。

设 B 层 $B_1, B_2, \cdots, B_n$ 对上层(A 层)中因素 $A_j(j=1,2,\cdots,m)$ 的层次单排序一致性指标为 CI_j，随机一致性指标为 RI_j，则层次总排序的一致性比率为

$$\mathrm{CR} = \frac{a_1 \mathrm{CI}_1 + a_2 \mathrm{CI}_2 + \cdots + a_m \mathrm{CI}_m}{a_1 \mathrm{RI}_1 + a_2 \mathrm{RI}_2 + \cdots + a_m \mathrm{RI}_m}$$

当 CR<0.1 时，认为层次总排序通过一致性检验。根据最下层(决策层)的层次总排序做出最后决策。

第 7 章　移民安置后评价指标体系

7.1　指标体系构建的基本原则

　　黄河下游近期防洪工程项目的移民安置系统是一个涉及多方面的、复杂的系统,对其实施效果进行后评价需要构建科学的、合理的后评价指标体系。本书项目在研究国内外后评价理论和分析方法的基础上,借鉴国内其他项目移民安置后评价的理论与实践,根据我国移民安置相关法规和政策,结合黄河下游近期防洪工程移民的特点,按照系统分析的方法将移民系统分为经济系统、社会系统、资源系统和环境系统四大子系统,针对各子系统的目标建立后评价指标体系。指标体系的建立对于移民安置后评价来说至关重要,不仅影响后评价整体工作量的大小,还会影响黄河下游近期防洪工程移民安置后评价结论的可靠性,为此,评价指标体系的建立需要遵循以下几个原则:

　　(1)系统性和层次性相结合。

　　黄河下游近期防洪工程项目移民是一个复杂的系统工程,其实施必然会对当地的经济、社会、资源、环境等方面产生影响,因此对黄河下游近期防洪工程项目移民安置后评价就要将移民系统划分为既相互联系又彼此独立的子系统,通过对各子系统的评价目标进行分析,建立各自的指标体系。指标体系不是众多指标的无序组合,而是具有一定的隶属关系,一般分为总体指标、分类指标、分项指标三个层次,这样既可以对各子系统的安置效果进行评价,又可以进行总体的综合评价,从而为管理者提供既具体又全面的信息。

　　(2)全面性和代表性相结合。

　　移民安置涉及政治、经济、文化、教育、卫生、就业及整个工程所在的地区移民的生产、生活,指标体系作为一个多种因素综合作用的有机整体,要能全面地反映移民安置效果的方方面面,从不同角度反映移民系统各方面的特征和状况。在甄选后评价指标的时候要选择一些含义明了准确、能说明问题、与评价目标关联性高的代表性指标,以提高评价结果的可靠性。

　　(3)科学性和可操作性相结合。

　　黄河下游近期防洪工程项目移民安置后评价指标体系应建立在科学的基础上,尤其是指标的设置、层次的划分应在充分的系统分析基础上,而且指标体系的大小也须适宜,并应具有可行性。另外,由于受到资料收集和数据支持的制约,指标的选取还要具有可操作性,尽量选择易于量化、便于收集、计算方面简便的指标。那些概念模糊、无法实测的指标以及理论上可测而目前操作起来较困难的指标,不宜入选。

　　(4)定性分析和定量计算相结合。

　　征地移民涉及因素多、范围广、情况复杂,有的指标如移民劳动力就业率、收入水平等可以量化,但多数指标难以定量,如征地移民对政府的信任程度、移民心理承受能力、邻里交往亲密程度、移民对建设项目的看法和态度等。由于定量计算说服力强,所以指标体系的建立还是要遵循以定量计算为主、定性分析为辅的原则将两种方法有机结合起来。

(5)动态性和静态性相结合。

作为一个系统,移民安置工作是一个不断变化发展的动态过程,要求其评价指标体系要充分考虑到系统变化的特点,指标的变化最好能反映移民前后状态的变化。对于那些指标值增长或变化率可以反映系统改善或恶化的指标,可以选入指标体系,但是评价内容还是选择静态性的指标来支持,比如住房质量、装修水平、居住拥挤系数等。因此,要实现动态性与静态性的统一。

7.2　评价指标体系框架

黄河下游近期防洪工程项目移民安置后评价指标体系的建立是以移民安置目标为导向的,移民安置的总体目标是对征地拆迁造成的损失进行赔偿,而且要对人员进行安置,保障移民的收入和生产生活水平不降低和长远生计。根据系统分析的方法将移民系统分为经济系统、社会系统、资源系统和环境系统四个部分对安置情况进行后评价,明确各个子系统的评价目标,进行指标的初选。根据黄河下游近期防洪工程移民的特点,结合指标选取的原则,剔除内涵相近的指标和解释能力较差的指标,在充分听取专家意见和建议的基础上,通过方案比较和指标修正,对指标体系进行进一步修改和优化,最终形成黄河下游近期防洪工程项目移民安置后评价的指标体系。

黄河下游近期防洪工程项目移民具备以下特征:①具有明显的线性分布特征,虽然局部占地面积较小,但是由于路线长,涉及的行政村较多;②影响区内人口密度相对较小,但移民对土地的依赖程度高,征地对他们的生产生活影响比较大;③由于该工程经过多个地区,导致影响区社会经济发展水平和人民生活水平差别较大;④由于该工程的线性征地特征,导致移民的搬迁和生产安置基本上采取利用村庄内部闲置土地分散安置或者出村近距离搬迁集中安置的方式,这些数量较少的移民融入新的群体和社区中,对移民以及原住居民的社会关系、地域条件、居住环境、文化特点以及搬迁后情感和心理上会产生一些变化。

黄河下游近期防洪工程项目移民安置后评价指标是有效开展移民安置后评价工作的基础,这就需要根据该项目的特点选取对移民安置风险和效果变化敏感的一系列指标。该项目移民对土地依附程度较高,这就意味着部分丧失或全部丧失土地资源的农民将丧失现有的和将来的基于土地的收入来源,而且由于丧失土地,原有的劳动、生产和管理技能可能贬值或失去作用,必须通过参加培训获得新的技能,这些对移民的生产生活都造成一定程度的影响。另外,许多移民搬迁到新的安置区,社会网络和社会资本的变化不仅会影响基础设施和社会服务的获得,还会导致社会关系和相互依存网络的丧失和弱化,这些都有可能导致移民心理压力和疾病的发生,如果政府处理不好甚至会影响社区的安定和团结。因此,要把衡量受影响人的生产生活水平、收入恢复程度、就业状况、社会关系、社会服务、基础设施的指标作为核心指标。另外,该项目也会对当地经济发展、产业结构、人口、资源环境等产生一系列的影响,可以把反映这些影响和效果的指标作为辅助指标,以完善整个移民安置系统的后评价体系。

建立的黄河下游近期防洪工程移民安置后评价指标体系包括经济、社会、资源、环境四个指标子系统,并建立梯级层级结构,分为目标层、准则层、子准则层、指标层四个层次。指标层的每个指标根据其特性分为五个等级,在确定分级标准时,尽量采用定量分级的方式,对于无法采用定量分级的指标做定性分析。具体指标见表7-1。

7.3　指标选择与解释

在对黄河下游近期防洪工程项目移民安置后评价指标体系进行层次结构分析的基础上,参照《水利建设项目后评价报告编制规程》、关于征地拆迁的法律政策,运用层次理论分析法,逐步择优筛选适合该项目特点的个体指标。在借鉴有关专家意见的基础上,通过对指标进行独立性和完备性检验,最后,对应四个子系统确定了54项个体指标。

7.3.1　经济指标

评价一个项目的移民安置效果最重要的就是要看其经济恢复的程度,经济是社会发展的核心内容,只有经济发展了,才能摆脱贫困,为社会稳定和环境保护提供基础,因此经济指标应该是移民安置后评价中的一项非常重要的指标。经济指标主要内容包括生产生活条件、收入消费水平的变化等。

7.3.1.1　生产条件

工程项目会导致部分移民全部或部分失去土地,而土地对于农民来说意味着谋生的手段,要在有限的土地上如何利用先进的技术改善耕地质量,最终提高亩产水平,是农民增收的重要途径。因此,指标设计要包括耕地质量、可灌溉比例、人均耕地面积、耕地亩产水平、耕作半径。

(1)耕地质量:指耕地土壤的肥沃程度,是一个定性指标,分别按肥沃、较肥沃、一般、较贫瘠、贫瘠分为一级至五级。

(2)可灌溉比例:指井灌或渠灌所控制面积占耕地总面积的百分比。其中,一级:大于80%;二级:61%~80%;三级:41%~60%;四级:21%~40%;五级:小于20%。

(3)人均耕地面积:指移民区域内人均耕地(包括水浇地、旱地和园地)的面积。其中,一级:大于2.0亩;二级:1.6~2.0亩;三级:1.1~1.5亩;四级:0.6~1.0亩;五级:小于0.5亩。

(4)耕地亩产水平:指每亩耕地产量的大小。其中,一级:大于700 kg/亩;二级:551~700 kg/亩;三级:351~550 kg/亩;四级:251~350 kg/亩;五级:小于250 kg/亩。

(5)耕作半径:指农村聚落离耕作区的远近,合理的耕作半径不仅是农民降低劳动强度的主要途径,也是提高单位面积产出的主要手段。其中,一级:小于500 m;二级:500~1 000 m;三级:1 000~1 500 m;四级:1 500~2 000 m;五级:大于2 000 m。

表 7-1　黄河下游近期防洪工程项目移民安置后评价指标体系

目标层（A层）	准则层（B层）	子准则层（C层）	指标层（D层）
移民安置后评价指标体系（A）	经济指标层（B1）	生产条件（C1）	耕地质量、可灌溉比例、人均耕地面积、耕地亩产水平、耕作半径
		生活条件（C2）	住房质量、人均住房面积、农村垃圾处理率、人均用电量、人均用水量、代步工具普及率、家用电器普及率、生活用气普及率、集中供暖普及率
		收入消费水平（C3）	人均纯收入、人均消费性支出、衣食住行消费、文化教育消费、医疗保健消费、恩格尔系数
	社会指标层（B2）	人口（C4）	劳动力比例、低收入人口比例
		社会关系（C5）	同安置区村民关系、亲属交往密切程度、社会生活丰富程度
		政治影响（C6）	政策法规健全程度、移民区社会治安状况、移民心理承受能力、移民对政府的信任程度、移民对社会关系满意度
		基础设施（C7）	自来水普及率、供电保证率、电话普及率、有线电视覆盖率、村内交通道路条件、对外交通条件
		社会服务（C8）	九年义务教育普及率、适龄人口入学率、医疗机构密度、新农合参保率、农村养老保险参保率
	资源指标层（B3）	水资源（C9）	供水保证程度、水资源开发率
		土地资源（C10）	人均耕地面积、土地资源利用率
		矿产资源（C11）	矿产资源丰富程度、矿产资源开发率
	环境指标层（B4）	水环境（C12）	水源质量、排水条件
		大气环境（C13）	空气质量状况、年均风沙天气数量

7.3.1.2　生活条件

该项目移民安置的目标就是要保障移民的生活水平不降低,政府通过各种补偿安置措施将移民受到的负面影响降到最低,因此对于项目完工后移民的生活水平进行后评价成为整个移民安置后评价的重要组成部分,通过了解移民搬迁后住房条件是否有所提高、住房环境是否有所改善、用水用电保障情况、代步工具条件是否提升、家用电器和生活用气普及情况、冬季取暖方式来判断移民的整体生活水平。主要指标包括住房质量、人均住房面积、农村垃圾处理率、人均用水量、人均用电量、代步工具普及率、家用电器普及率、生活用气普及率、集中供暖普及率。

(1)住房质量:指移民安置后住房结构中砖混结构和砖木结构所占的比例,用来体现移民住房水平是否有所改善。其中,一级:大于 70%;二级:51%～70%;三级:31%～50%;四级:16%～30%;五级:小于 15%。

(2)人均住房面积:指移民人均住房的建筑面积(包括正房、偏房)。这一指标直接反映移民的居住状况,居住面积的增加,直接关系到居民居住条件的改善。其中,一级:大于 31 m²/人;二级:23～30 m²/人;三级:16～22 m²/人;四级:11～15 m²/人;五级:小于 10 m²/人。

(3)农村垃圾处理率:指农村垃圾处理量占垃圾总量的比例,是反映农村环境改善的重要指标。其中,一级:大于 60%;二级:46%～60%;三级:31%～45%;四级:16%～30%;五级:小于 15%。

(4)人均用水量:指移民每日人均用水量。其中,一级:大于 500 L/(人·d);二级:400～499 L/(人·d);三级:300～399 L/(人·d);四级:200～299 L/(人·d);五级:小于 200 L/(人·d)。

(5)人均用电量:指移民每日人均用电量。其中,一级:大于 1 kW·h/(人·d);二级:0.7～1 kW·h/(人·d);三级:0.35～0.69 kW·h/(人·d);四级:0.1～0.34 kW·h/(人·d);五级:小于 0.1 kW·h/(人·d)。

(6)代步工具普及率:通常指移民代步工具采用摩托车、电动车、汽车的普及程度。指标分为普及、较普及、一般、较差、差五个等级。

(7)家用电器普及率:指农村移民家用电器采用彩电、冰箱、洗衣机、空调的普及程度。指标分为普及、较普及、一般、较差、差五个等级。

(8)生活用气普及率:指农村移民生活用气采用液化天然气的普及程度。指标分为普及、较普及、一般、较差、差五个等级。

(9)集中供暖普及率:指冬季取暖方式采用集中供暖的普及程度。其中,一级:大于 80%;二级:61%～80%;三级:41%～60%;四级:21%～40%;五级:小于 20%。

7.3.1.3　收入消费水平

该工程移民对土地的依赖性很高,失去土地意味着失业,同时那些用于农业生产的谋生技能也会贬值或丧失,移民面临着长远生计得不到保障的困境,因此必须对移民的收入消费水平是否得到恢复进行评价,来反映移民搬迁后移民收入水平恢复程度、消费支出水平的恢复程度,以及支出结构是否有所改变等,具体指标包括:人均纯收入、人均消费性支出、衣食住行消费、文化教育消费、医疗保健消费、恩格尔系数。

（1）人均纯收入：是反映移民收入恢复程度的指标。计算公式为

（移民居民家庭总收入−家庭经营费用支出−生产性固定资产折旧−税金和上交承包费用−调查补贴）/农村居民家庭常住人口

其中，一级：大于 2 000 元/（人·年）；二级：1 501～2 000 元/（人·年）；三级：1 001～1 500 元/（人·年）；四级：501～1 000 元/（人·年）；五级：小于 500 元/（人·年）。

（2）人均消费性支出：指人均每年用于日常生活的全部支出，包括食品、衣着、家庭设备用品及服务、交通和通信、娱乐教育文化服务等。其中，一级：大于 3 000 元/（人·年）；二级：2 001～3 000 元/（人·年）；三级：1 001～2 000 元/（人·年）；四级：501～1 000 元/（人·年）；五级：小于 500 元/（人·年）。

（3）衣食住行消费：指人均每年用于食品、衣着、家庭设备用品及服务、交通和通信的全部支出。其中，一级：大于 3 000 元/（人·年）；二级：2 001～3 000 元/（人·年）；三级：1 001～2 000 元/（人·年）；四级：501～1 000 元/（人·年）；五级：小于 500 元/（人·年）。

（4）文化教育消费：指人均每年用于娱乐教育文化服务的全部支出。其中，一级：大于 3 000 元/（人·年）；二级：2 001～3 000 元/（人·年）；三级：1 001～2 000 元/（人·年）；四级：501～1 000 元/（人·年）；五级：小于 500 元/（人·年）。

（5）医疗保健消费：指人均每年用于医疗保健的全部支出。其中，一级：大于 3 000 元/（人·年）；二级：2 001～3 000 元/（人·年）；三级：1 001～2 000 元/（人·年）；四级：501～1 000 元/（人·年）；五级：小于 500 元/（人·年）。

（6）恩格尔系数：是联合国粮农组织提出用于评价居民生活水平的一项标准，是食品支出占全部生活消费支出的比值。其中，一级：小于 35%；二级：35%～40%；三级：41%～45%；四级：46%～50%；五级：大于 50%。

7.3.2　社会指标

由于工程实施引起的移民搬迁和重建活动不仅会对移民的经济生活造成影响，而且可能影响移民的社会关系以及享受基础设施和社会服务的机会，因此对移民安置的社会系统的评价也是至关重要的。具体内容包括人口、社会关系、政治影响、基础设施和社会服务五项指标，具体指标和分级标准如下。

7.3.2.1　人口

（1）劳动力比例：指移民区内劳动力人口数量占人口总数的比值。这个指标能够反映项目的实施对当地劳动就业是否有促进作用。其中，一级：大于 35%；二级：25%～35%；三级：15%～24%；四级：10%～14%；五级：小于 10%。

（2）低收入人口比例：指农民人均纯收入 1 000 元以下的人口占总人口收入的比例。这个指标可以反映项目的实施是否能够降低低收入人群的比例，以及对低收入人口生活收入的影响作用。其中，一级：小于 7%；二级：7%～14%；三级：15%～22%；四级：23%～30%；五级：大于 30%。

7.3.2.2　**社会关系**

移民搬迁后，原有社会关系网络的解体必然增加移民获得有效信息的难度，并给移民的社会交往带来一定的难度。社会关系评价主要采用定性的方法对移民与安置区居民间

的关系、邻里间的关系、移民家庭内部的关系进行评价。主要指标包括同安置区村民关系、亲属交往密切程度、社会生活丰富程度。

（1）同安置区村民关系：是个定性指标，指移民搬迁后在安置区与原居民间的关系。此项指标意在反映移民在安置区内的适应程度。其中，指标分为密切、较密切、一般、较生疏、生疏五个等级。

（2）亲属交往密切程度：是个定性指标，指移民搬迁后与亲属间相互交往的密切程度。其中，指标分为密切、较密切、一般、较生疏、生疏五个等级。

（3）社会生活丰富程度：是指移民区开展文化、娱乐、体育等活动的情况，是一个定性指标，分别按好、较好、一般、较差、差分成一级至五级。

7.3.2.3　政治影响

政治是安置区社会上层建筑的重要组成部分，政权机关制定的移民政策、原有移民政策造成的问题等都会对移民产生影响。政治影响评价主要采用定性方法对政策法规健全程度、移民区社会治安状况、移民心理承受能力、移民对政府的信任程度、移民对社会关系满意度进行分析说明。

（1）政策法规健全程度：指移民安置法律法规的健全程度，是个定性指标，按健全、较健全、一般、较差、差分为五个等级。

（2）移民区社会治安状况：是反映移民区内社会治安程度的指标，同时也反映移民安置对社会稳定的影响程度。指标按好、较好、一般、较差、差分为五个指标。

（3）移民心理承受能力：指移民在征地、拆迁、重建、安置过程中心理承受压力的大小，是个定性指标，按好、较好、一般、较差、差分为五个等级。

（4）移民对政府的信任程度：是移民对当地政府各级部门及其工作人员的信任程度，同时能体现当地移民与政府之间关系的和谐性。指标按信任、较信任、一般、较差、差分为五个等级。

（5）移民对社会关系满意度：指移民安置后移民对新的社会关系的满意程度，是个定性指标，按满意、较满意、一般、不太满意、不满意分为五个等级。

7.3.2.4　基础设施

农村基础设施建设是服务于农村生产生活的基本物质条件，是提高移民生产生活水平、改善农村落后面貌、全面建设小康社会的重要保障。基础设施的改善能够切实改善农业生产条件和改进移民生活方式，丰富移民的物质文化生活，给移民和安置区带来巨大的社会和经济影响。基础设施的评价主要包括对交通、通信、通水、通电、雨水排放等方面的分析评价，具体指标包括自来水普及率、供电保证率、电话普及率、有线电视覆盖率、对外交通条件、村内交通道路条件。

（1）自来水普及率：指农村移民生活用水采用自来水的普及程度。指标分为普及、较普及、一般、较差、差五个等级。

（2）供电保证率：指全年供电时间占全年时间的比值，反映移民生产生活用电的保证程度。其中，一级：大于96%；二级：86%~95%；三级：76%~85%；四级：61%~75%；五级：小于60%。

（3）电话普及率：指移民区内拥有电话的户数所占的比值。其中，一级：大于80%；二级:61%~80%;三级:41~60%;四级:21%~40%;五级:小于 20%。

(4)有线电视覆盖率:指移民区内使用有线电视的户数所占的比值。其中,一级:大于 75%;二级:51%~75%;三级:31%~50%;四级:21%~30%;五级:小于 20%。

(5)对外交通条件:指移民点对外连接道路的交通条件,按道路的质量、平整度划分等级,是一个定性指标,分别按好、较好、一般、较差、差分成一级至五级。

(6)村内交通道路条件:指移民点村内道路的交通条件,按道路的质量、平整度划分等级,是一个定性指标,分别按好、较好、一般、较差、差分成一级至五级。

7.3.2.5　社会服务

农村社会服务是为满足农业生产、农村发展和农民生活共同需要,为农村居民公众利益服务的事务,确保每个农村居民享受基本福利或服务的权利(如义务教育、公共卫生、社会保障、社会救济、安全等各种基本权利),从而保证农村经济、社会和土地的协调发展。本次选取教育、医疗卫生和社会保障指标来反映移民享有社会服务的程度。教育卫生不仅是提高农村人口素质的关键,而且对于体现社会公平,解决"三农"问题具有重要意义,项目完成后有必要了解项目实施对于移民教育卫生情况的影响。

(1)九年义务教育普及率:指普及义务教育地区人口覆盖率,具体计算公式为

义务教育普及率=(山东省普及九年义务教育的人口总数/山东省总人口数)×100%。

其中,一级:大于 98%;二级:91%~97%;三级:81%~90%;四级:71%~80%;五级:小于 70%。

(2)适龄人口入学率:指一定年龄段的学龄人口中的在校生比例,标志一定年龄段的学龄人口中相对应的教育普及程度。计算公式为

适龄人口入学率=学龄人口中的在校生数/学龄人口总数×100%

其中,学龄人口指常住人口中,一定年龄段应当接受相应等级学校教育的人口,小学全省统一规定 6~11 岁,初中可以 13~15 岁或 12~14 岁,高中 16~18 岁,学前教育 3~5 岁。其中,一级:大于 98%;二级:91%~98%;三级:81%~90%;四级:71%~80%;五级:小于 70%。

(3)医疗机构密度:指每千人中医疗点的数量,包括个体医疗点、诊所,反映了移民就医的方便程度。其中,一级:大于 5 个/千人;二级:4 个/千人;三级:3 个/千人;四级:2 个/千人;五级:小于 1 个/千人。

(4)新农合参保率:指移民区内参加新农合的户数所占的比值。其中,一级:大于 80%;二级:61%~80%;三级:41~60%;四级:21%~40%;五级:小于 20%。

(5)农村养老保险参保率:指移民区内购买农村养老保险的户数所占的比值。其中,一级:大于 80%;二级:61%~80%;三级:41~60%;四级:21%~40%;五级:小于 20%。

7.3.3　资源指标

自然资源是人类社会生存和发展的物质基础,对于开发不充分、经济欠发达的区域尤为重要,它决定着开发的方向和速度。而在该项目施工和安置重建的过程中,常会出现过度开采或开采方法不适当的情况,导致资源的数量和质量下降,同时移民安置对于新移民区的人均资源占有量也会产生一些影响。鉴于以上情况,需要对移民区的资源占有情况主要从水资源、土地资源两个方面进行后评价。

7.3.3.1　水资源

水资源是人类赖以生存和发展的重要基础物质资源之一,不仅关系到人们的生产生活,而且影响到区域经济社会的发展。

(1)供水保证程度:指供水水源(包含地下水、水库水、湖泊水)的可靠性,是一个定性指标,分别按可靠、较可靠、一般、较差、差分成一级至五级。

(2)水资源开发率:指移民区域内各种水资源的开发利用的百分比。其中,一级:大于80%;二级:70%~80%;三级:60%~69%;四级:50%~59%;五级:小于50%。

7.3.3.2　土地资源

土地资源作为人类生存的基本资料和劳动对象,是经济社会发展的重要依托。然而我国人均土地资源极为有限,可耕种的土地资源更少,移民一旦失去土地资源,很难重新获得,因此土地资源对于一个地区的可持续发展起着重要的作用。

(1)人均耕地面积:指移民区域内人均耕地(包括水浇地、旱地和园地)的面积。其中,一级:大于2亩;二级:1.6~2亩;三级:1.1~1.5亩;四级:0.6~1亩;五级:小于0.5亩。

(2)土地资源利用率:计算公式为

$$土地资源利用率=已开发利用各种土地面积/土地总面积×100\%$$

其中,一级:大于95%;二级:71%~95%;三级:51%~70%;四级:31%~50%;五级:小于30%。

7.3.4　环境指标

移民安置区的环境条件对居民的生活会产生重要影响,黄河下游防洪工程移民安置基本以房屋拆迁、安置为主,基本不涉及工业企业的搬迁、新建或扩建等工程,因此对周边的环境影响较小,但是由于搬迁的居民多数是以分散安置的方式自建房屋,通常都是在村庄的周边区域,因此环境条件对村民的生活至关重要。环境指标主要涉及水环境和大气环境。

7.3.4.1　水环境

水是生活生产的重要资源,水的质量状况影响移民的身心健康。水环境后评价的主要指标包括水源质量、排水条件。

(1)水源质量:按饮用水标准判断是一个定性指标,影响移民的身心健康。分别按可靠、较可靠、一般、较差、差分成一级至五级。

(2)排水条件:指移民生活污水及雨水排放状况,是一个定性指标,分别按好、较好、一般、较差、差分成一级至五级。

7.3.4.2　大气环境

大气质量对移民的健康有重大影响。通过对移民区大气质量的评价,有助于加强大气污染监测,使废气污染排放物得到控制。

(1)空气质量状况:指移民区域内空气质量状况,是一个定性指标,分别按好、较好、一般、较差、差分成一级至五级。

(2)年均风沙天气数量:指在一年中大风扬沙天气的天数。其中,一级:小于10 d;二级:11~15 d;三级:16~22 d;四级:23~30 d;五级:小于30 d。

第 8 章　移民安置后评价内容

8.1　移民安置评价典型区

8.1.1　典型区选取

黄河下游近期防洪工程(山东段)占地处理及移民安置工程涉及泰安、聊城、济南、淄博、滨州、东营 6 个市,东平、阳谷、东阿、长清、章丘、高青、邹平、滨州高新、滨开、滨城、博兴、利津、垦利、东营 14 个县(市、区)。本次移民安置后评价选择东阿县、邹平市、垦利区作为典型区,对其移民安置项目中生产安置、生活安置、土地复垦等情况进行综合调查和分析评价。

8.1.2　选取理由和依据

8.1.2.1　项目位置

黄河下游近期防洪工程移民安置项目涉及 6 个市 14 个县(市、区),从山东上游的东平县到河口的垦利区,工程占线长、移民安置分散,为了做到对移民安置工作进行客观、公正的分析与评价,需要对沿线各地区的经济和社会发展情况、当地群众的生产生活情况、地方特点及传统习惯等各方面进行综合的考虑。由于工程所涉及的沿黄各地区经济发展水平不同、居民的生产生活条件有差异,因此在移民安置评价中必须选取具有代表性的县(区)作为调查和评价对象,而地域的代表性是一个重要的评价因素,所以在整个工程涉及的区域当中选择上、中、下区段的县(市、区)作为典型区相对比较合理,即东阿县、邹平市和垦利区三地,也能基本代表整个项目的移民安置水平和总体情况。

8.1.2.2　经济及社会发展

项目涉及的 6 个市当中,经济和社会发展水平略有差异,其中泰安市的东平县和聊城市的东阿县发展水平相近,地域特点和生产生活条件相似;淄博市的高青县和滨州市的邹平市及其他几个县(市、区)原来就同属于滨州地区,其经济发展水平相当,生产生活条件、生活习惯和地域特点基本相同;东营市的利津县、垦利区和东营区经济发展水平与其他地区相比相对较好,生产生活条件也差异较大,因此从上到下所涉及的地区基本可以分为三个大的区域,每个大的区域当中选择一个具有代表性的县作为调查和评价对象比较合理,也能客观地反映工程涉及区域的总体移民安置情况。

8.1.2.3　移民安置规模

黄河下游近期防洪工程移民安置项目当中移民实际搬迁安置总共 615 户,其中东阿县 281 户占聊城市的 97%,邹平市 90 户占滨州市的 63%;垦利区 88 户占东营市的 100%;三地合计占比为 75%。因此,东阿县、邹平市和垦利区的移民安置工作占总移民安置的绝大部分,具有广泛的代表性。

8.1.2.4　移民安置方式

黄河下游近期防洪工程移民生活安置方式基本分为两种形式,即集中安置和分散安置。本次工程移民的安置方式大部分采用分散安置的方式,即村镇统一安排宅基地,村民自建房屋的方式;部分搬迁安置数量较多的行政村采用了集中安置的方式,即村镇统一建设房屋或者与地方安置项目相结合、村民购买房屋等形式。东阿县、邹平市、垦利区三地结合当地群众的实际情况和各方面有利条件,在移民群众安置方式方面采用了集中安置和分散安置相结合的方式,具有典型的特点和代表性。

8.2　典型区移民安置规划情况

8.2.1　东阿县移民安置规划

东阿县移民实施方案阶段工程征地涉及 5 个乡镇(办事处)35 个村,生产安置人口 1 528 人。在工程永久占压的各行政村提出生产安置方案基础上,通过乡人民政府审核,由征迁机构核准后,按初步设计确定有 15 个村采用一次性补偿安置方式;有 19 个村采用本村调地的安置方式;有 2 个村采用集体统筹的安置方式。实施过程中根据实际情况,由本村和乡政府协调确定安置方案。

东阿县项目区生活安置规划人口 281 户 1 084 人,涉及 4 个乡镇(办事处)19 个行政村,由于各乡镇未确定移民安置位置和安置方式,暂按分散安置确定。

8.2.2　邹平市移民安置规划

邹平市移民实施方案阶段工程建设永久征收集体土地 910.49 亩,涉及 2 个乡镇 30 个行政村,生产安置人口 580 人,生产安置人口的安置去向为本村安置。安置方式包括一次性补偿、本村调地和集中统筹,安置方案在各行政村提出生产安置方案的基础上,通过市人民政府审核,由征迁机构核准后,根据失地多少的实际情况,并结合当地的实际情况确定。

邹平市项目区规划生活安置 90 户 416 人,涉及 2 个乡镇,拆迁农户房屋 15 565.68 m²,安置方式全部为分散安置。分散安置的具体建房位置,在实施过程中由行政村负责逐户落实,房屋型式由居民自主选择,建房方式为群众自建。

8.2.3　垦利区移民安置规划

垦利区移民实施方案阶段工程建设永久征收集体土地 701.31 亩,2 个县(区),涉及 4 个乡镇(办事处)41 个行政村,生产安置人口 310 人,生产安置人口的安置去向为本村安置。安置方式包括一次性补偿、本村调地和集中统筹,安置方案在各行政村提出生产安置方案基础上,通过县(区)人民政府审核,由征迁机构核准后,根据失地多少的实际情况,并结合当地的实际情况确定。

垦利区项目区生活安置规划人口 88 户 379 人,涉及 2 个乡镇 6 个行政村,安置方式为 1 个村 36 户 159 人集中安置,其余 52 户皆为分散安置。分散安置的具体建房位置,在实施过程中由行政村负责逐户落实,房屋型式由居民自主选择,建房方式为群众自建。

8.3　典型区移民安置实施情况

8.3.1　东阿县移民安置实施情况

8.3.1.1　生产安置情况

东阿县生产安置涉及大桥和铜城等 5 个镇的 35 个村庄,安置任务 1 528 人,安置方式均为一次性补偿,已经于 2014 年底前完成。临时占地涉及铜城、大桥和牛角店 6 个乡镇的 36 个村,实际用地面积 2 305.72 亩,所有临时占地均进行了复垦,实际复垦率 100%。

8.3.1.2　生活安置情况

东阿县移民生活安置实际实施为 281 户 1 084 人,涉及 4 个乡镇 19 个村,安置方式为本村集中安置和分散安置。2014 年底生活安置全部完成,其中本村分散安置 13 个村 102 户 405 人,集中安置 6 个村 679 人。

6 个集中安置点占地 82.04 亩,压水井 179 眼,供电线路 3.97 km,硬化道路 2 481 m,有线电视网络 179 户。

8.3.1.3　专项设施迁复建实施情况

专业项目复建主要有道路恢复、电力线路恢复和水利设施恢复等,均已全部完成。

8.3.2　邹平市移民安置实施情况

8.3.2.1　生产安置情况

邹平市实际永久占地 910.99 亩,涉及 2 个镇 30 个村,全部采用一次性补偿的安置方式,补偿款已全部兑付到户。

8.3.2.2　生活安置情况

邹平市黄河下游近期防洪工程共计完成房屋拆迁 15 565.68 m²,共完成搬迁 90 户 417 人。生活安置实际实施完成 90 户,其中有 24 户不需要建房或暂时不需要建房,原因是去乡镇、县城购房或有两处宅基地、与子女住等;66 户建了新房并顺利入住。

8.3.2.3　土地复垦情况

邹平市临时占地共签订协议 2 627.91 亩,涉及 2 个镇 31 个村,全部复垦。

8.3.2.4　专项设施迁复建实施情况

邹平市恢复改建淤区道路(四级)1.98 km,混凝土路面恢复 1 127.2 m²,沥青路面恢复 8 374.9 m²,电压配电线 0.39 km,通信设施线路 3.35 km,有线电视线 0.5 km,挖、填方工程 29 941 m³,改建渠道 39 632 m³ 等。

8.3.3　垦利区移民安置实施情况

8.3.3.1　生产安置情况

垦利区防洪工程永久占地经过实际调查进行了设计变更,实际完成永久占地 604.64

亩,共涉及 2 个县(区)4 个乡镇(街道办)49 个村。各村综合多方面因素选择了不同的生产安置方式,49 个永久占地村中有 29 个村采取一次性补偿的安置方式,19 个村采取本村调地的安置方式,1 个村采取集体统筹的安置方式。

8.3.3.2 生活安置情况

垦利区黄河下游近期防洪工程需实际安置移民 88 户 379 人,涉及 2 个乡(镇、街道办)6 个村庄,朱家村和胥家村采取分散安置的方式,由各村组调整划拨宅基地,由移民自主建设房屋。卞家村、林子村、吴家村和许家村均采取集中安置的方式,结合胜坨镇胜利社区建设项目,由政府统一建房,村民购房入住。

8.3.3.3 土地复垦情况

完成工程临时用地复垦 5 155.25 亩,全部完成。

8.3.3.4 专项设施迁复建实施情况

垦利区防洪工程专项设施恢复改建,包括输变电设施、通信设施、水利设施、水文设施、临时辅道等,均全部完成。

8.4 典型区移民安置实地调查

8.4.1 调查方式及调查内容

8.4.1.1 调查方式

根据黄河下游防洪工程移民安置项目的设计内容、实施方式及完成和验收情况,通过和设计院、建设中心和市县局负责移民项目的负责人进行沟通、交流,同时结合本次移民安置后评价的内容、方法和目标任务,综合考虑现场实际条件及调查的可行性、覆盖面和内容的全面程度,确定典型的目标对象。现场调查的目标村、户在本区域移民安置项目中要具有代表性,能总体反映所辖区域内移民安置群众的总体生产条件和生活条件的实际状况。由于本次移民安置项目涉及的村庄多、战线长,需要和县局负责同志多次沟通、筛选,确定计划调查的目标村,每个县局选取目标村 2~3 个,每个村在安置数量、安置方式、村民生产生活条件方面既有不同又有代表性。

现场调查目标对象确定以后,项目组负责人会同县局工管科当时负责移民迁建工作的同志提前见面进行沟通、商议调查的内容、方式并确定具体联系人,并提前通知当地的乡镇、村负责人。项目现场调查组由 3~4 人组成,项目负责人带队,成员各有分工,包括询问、笔记、影像记录等,现场调查由县局工管科同志带领项目组到目标村,首先联系村支书进行座谈,说明来访的目的、任务、内容和方式,然后确定要走访的目标户,由村支书带领项目组进行入户走访和调查。调查方式采用面谈交流及问卷调查的方式进行。

8.4.1.2 调查内容

根据黄河下游近期防洪工程移民安置的实施内容,结合本次移民安置评价的主要指标,调查内容主要包括生产条件、生活条件、环境条件和资源条件 4 个方面,每个方面设置具体的调查和访问指标。问卷调查表形式和内容如表 8-1 所示。

表 8-1　移民安置情况调查表

乡镇		村名		户名	
调整土地的类型	水浇地	旱地	变好	没变	变差
水浇地的比例/%	每户所有土地中水浇地的比例:				
人均耕地/亩	全家人均耕地亩数:				
耕作半径/km	到农田的平均距离:				
耕地亩产量/(kg/亩)	全年平均:				
土地调整情况满意度	很满意	满意	一般	不满意	
住房质量(打钩)	提高	不变	变差	砖混结构	砖木结构
人均住房面积/m²					
卫生厕所条件	旱厕:　化粪池　搬迁之前厕所形式:露天厕　旱厕　化粪池				
人均收入/[元/(人·年)]	工资收入	农业生产收入	打工经营收入	其他收入	年人均收入
人均消费支出/[元/(人·年)]	生活消费	文化教育	医疗保健	社会来往	其他
新农合参保情况(打钩)	有　　　　　无:				
有线电视(打钩)	有　　　　　无:				
做饭方式(打钩)	烧煤	烧秸秆	液化气	天然气	
冬季取暖方式(打钩)	集中供暖	烧煤	用电	天然气	没有
家用电器情况(打钩)	冰箱	洗衣机	彩电	空调	
交通工具情况(打钩)	电动车	摩托车	汽车	自行车	
生活安置满意度(打钩)	满意	一般	不满意	原因:	
搬迁户与村民关系	变好	没变	变差	原因:	
亲戚交往情况	变好	没变	变差	原因:	
村民对政府工作满意程度	满意	一般	不满意	原因:	
村民对政府信任程度	信任	一般	不信任	原因:	
搬迁户是否愿意搬迁	是		否	原因:	
儿童是否入学	是	否	原因:		
搬迁后社会治安状况	变好	没变	变差		
饮水方式	自来水	压水井	可饮用	不能饮用	
村内道路状况	柏油路	水泥路	砂石路	土路	
对外交通道路	柏油路	水泥路	砂石路	土路	
对外交通方式	公交车	自主出行			
诊所	有		无		
饮用水水质	好	一般	差	无法饮用	
年均风沙天数/d					

8.4.2　东阿县移民安置调查

8.4.2.1　生产安置调查

1. 永久占地情况

东阿县移民迁建实施方案中工程永久占地共 1 586.34 亩,涉及 5 个乡镇 36 个村,实际生产安置涉及 35 个村,安置任务 1 528 人。2013 年 6 月完成附着物清理及土地移交,2014 年底完成了生产安置。工程永久占地情况见表 8-2。

表 8-2　东阿县工程永久占地

乡镇	村	协议书/亩	完成/亩
刘集	前关山	166.42	166.42
	后关山	76.08	76.08
	前苫山	41.49	41.49
	西苫山	7.52	7.52
	东苫山	50.59	50.59
鱼山	南王	20.04	20.04
	东于庄	26.29	26.29
	前殷	39.31	39.31
	后殷	142.48	142.48
	南城	30.69	30.69
	北城	117.82	117.82
铜城	前张	28.50	28.50
	前张	1.27	1.27
	孙道口	78.40	78.40
	张道口	40.40	40.40
	汝道口	38.46	38.46
	艾山	4.53	4.53
大桥	井圈	82.17	82.17
	李坡	4.93	4.93
	姜庄	15.38	15.38
	郭口	26.03	26.03
	于窝	41.85	41.85
	毕庄	72.05	72.05
	大义屯	45.34	45.34
	大生	53.30	53.30
	孙溜	16.25	16.25
	湖西渡	51.40	51.40
	王洼	24.02	24.02

续表 8-2

乡镇	村	协议书/亩	完成/亩
牛角店	夏码头	30.42	30.42
	周门前	44.38	44.38
	董圈	43.93	37.00
	朱圈	18.08	15.00
	夏沟	22.23	23.00
	陶嘴	43.35	45.00
	小邵	10.65	5.00
	付岸	30.04	20.00

本次永久占地安置方式在实施方案阶段分为三种,分别为本村调地、一次性补偿和集体统筹。在永久占地生产安置实施过程中根据各村的实际情况及当地乡镇、村的意见,安置方式均采用一次性补偿。当前各村的耕地已经按照村内总人口平均分配到个人头上,按照 30 年土地使用权不变的政策,即每户添人不添地、去人不减地,并发放了土地使用权证,个别村因为各种原因预留了部分机动用地,但数量不超过总量的 5%,用于为村集体服务或建设用地,但是通常会承包出去,并签订长期承包合同。因此,对于工程永久占地采用调地或集体统筹的方式非常困难,操作的复杂性及涉及的村民都很多,所以本次项目的永久占地的安置方式各村都采用了一次性补偿,安置情况见表 8-3。

表 8-3　东阿县工程永久占地安置方式

乡镇	村	人均占地/亩		安置方式	
		实施前	实施后	方案	实施
5	35				
1	5	0.99	0.95		
刘集	前关山	0.39	0.32	本村调地	一次性补偿
	后关山	0.72	0.67	一次性补偿	一次性补偿
	前苫山	1.22	1.19	一次性补偿	一次性补偿
	西苫山	1.29	1.24	本村调地	一次性补偿
	东苫山	1.33	1.33	一次性补偿	一次性补偿
2	7	1.28	1.14		
鱼山	南王	1.21	1.09	本村调地	一次性补偿
	东于庄	1.13	0.98	一次性补偿	一次性补偿
	前殷	1.25	1.10	本村调地	一次性补偿
	后殷	1.23	1.03	集体统筹	一次性补偿
	南城	1.64	1.58	一次性补偿	一次性补偿
	北城	1.48	1.22	集体统筹	一次性补偿
铜城	前张	1.05	1.01	本村调地	一次性补偿
2	13	1.50	1.44		

续表 8-3

乡镇	村	人均占地/亩		安置方式	
		实施前	实施后	方案	实施
铜城	前张	1.05	1.05	本村调地	一次性补偿
	孙道口	1.69	1.61	本村调地	一次性补偿
	张道口	1.66	1.60	本村调地	一次性补偿
	汝道口	1.70	1.63	一次性补偿	一次性补偿
	艾山	1.48	1.48	一次性补偿	一次性补偿
大桥	井圈	1.95	1.82	本村调地	一次性补偿
	李坡	1.37	1.34	一次性补偿	一次性补偿
	姜庄	1.85	1.74	一次性补偿	一次性补偿
	郭口	0.94	0.91	本村调地	一次性补偿
	于窝	0.86	0.83	本村调地	一次性补偿
	毕庄	1.67	1.63	本村调地	一次性补偿
	大义屯	1.73	1.70	本村调地	一次性补偿
	大生	1.57	1.50	本村调地	一次性补偿
2	11	1.37	1.24		
大桥	孙溜	1.50	1.48	一次性补偿	一次性补偿
	湖西渡	1.27	1.21	本村调地	一次性补偿
	王洼	1.16	1.14	本村调地	一次性补偿
牛角店	夏码头	1.39	1.34	一次性补偿	一次性补偿
	周门前	1.14	1.05	本村调地	一次性补偿
	董圈	1.22	1.12	本村调地	一次性补偿
	朱圈	1.22	1.20	一次性补偿	一次性补偿
	夏沟	1.00	0.98	一次性补偿	一次性补偿
	陶嘴	0.98	0.89	本村调地	一次性补偿
	小邵	2.56	2.42	一次性补偿	一次性补偿
	付岸	1.58	1.55	一次性补偿	一次性补偿

本次现场调查走访了大桥镇的井圈村、毕庄村和牛角店镇的夏码头村。3 个村的永久占地数量分别为 82.17 亩、72.05 亩和 30.42 亩，涉及农户数量分别为 74 户 318 人、58 户 224 人和 25 户 109 人，户均占用耕地不足 1.2 亩，按照每亩年均净收入 800 元计算，每户在生产性收入方面减少 1 000 元以内。经调查统计，东阿县各地各村经济收入水平有较大差距，总体户均年收入为 10 000~15 000 元，其中的毕庄村经济水平较好，井圈村和夏码头村属一般水平，生产经营性收入占总收入的比例普遍在 50% 以下，多数家庭的收入以外出务工或工资收入为主，因此永久占地对涉及农户的生产和生活影响较小，同时一次性土地补偿的收入对生产经营和生活的改善也有一定的帮助。在走访 3 个村十几户村民的过程中，没有村民反映土地征用以及生产安置方面的问题，这也间接说明永久征地对村民生产生活的影响较小。实际上，征用土地的补偿款对于搬迁安置的村民来说，还可以缓解房屋建设方面的压力，对尽快恢复生活和改善生活条件具有一定的辅助作用。

2. 临时占地及复垦情况

东阿县工程临时占地涉及 6 个乡镇的 36 个村,规划实施方案占压地 2 305.72 亩,实际占地 2 342.44 亩,全部按照设计标准和要求复垦为耕地。

东阿县工程临时占地涉及的 36 个村,占地超过 100 亩的有 8 个村,其中铜城乡的大店子村占地最多 510 亩,牛角店乡的夏沟村 215 亩、朱圈村 185 亩,占地 30 亩以下的有 23 个村。因此,本次工程的挖压地相对比较集中,对占地复垦的实施及耕地质量的恢复相对比较有利。

复垦实施方案中对复垦的设计要求及标准为:表层土处置需在临时用地开挖之前,采用推土机等机械将表层 30 cm 厚的种植土移至指定地点临时存放,在取土完成后,首先进行场地平整,再将表土转移覆盖在取土区表面。通过一定的保水保肥等措施,土地复垦 3 年后,农作物生长需要的土壤理化指标逐步接近当地土壤,复垦后的耕地生产力和适宜性基本达到当地耕地的平均水平。同时需完善田间道路及灌溉等配套设施。

本次工程临时占地包括挖地和压地两部分,主要是土场挖地。在土场取土过程中,施工单位基本按照土场的设计深度进行取土,个别土场有超挖的现象,但占比极少,通过表土回填及较大范围的土地整平后,复垦后的耕地高程总体上与周边耕地差异不大,耕地质量基本没有变化,田间道路及灌溉渠道均按照原来的标准进行了恢复,对耕地的产量没有大的影响。在相关部门的监督下,当地政府对临时占地的补偿款均按照实施方案的标准和数额及时发放到了村民手中,没有发现或村民反映关于土地补偿款方面的问题。

8.4.2.2　生活安置调查

东阿县移民生活安置 281 户 1 084 人,涉及 4 个乡镇 19 个村,其中 14 个村 102 户本村分散安置,5 个村 179 户为本村集中安置。本次调查通过提前和县局工程管理部门沟通、协调,根据移民生活安置的规模、安置方式及实际特点,并兼顾不同的现状和条件,选择具有代表性的安置村作为调查对象,分别选择大桥镇的毕庄村和牛角店镇的陶嘴村和夏码头村作为本次移民调查的典型村,该 3 个村均为村内集中安置。

本次项目组现场调查人员由 4 人组成,并由东阿县局领导和工管科科长带队,由相关河务段负责同志提前和各村负责人联系,然后随机入户进行现场走访和调查。现场调查时间为 8 月 16 日,共调查走访 3 个村,其中毕庄集中安置 58 户、陶嘴集中安置 41 户、夏码头集中安置 12 户。本次入户调查 3 个村 9 户,填写调查问卷 30 份,占 3 个村安置总户数的 1/3。

1. 大桥镇毕庄村

毕庄是本期工程东阿段移民生活安置户数和人口最多的一个村,全村共 400 户,其中生活安置 58 户。本次现场调查项目组成员会同县局领导和工管负责同志同村支书进行了交流,了解移民安置的总体情况,然后随机和 3 家安置户的村民进行了入户走访和现场调查,发放和填写调查表 20 份。

毕庄村采取统一规划、统一标准、集中建设、抽签分配的方式对所有拆迁户进行了集中安置,安置效果较好,得到了安置村民、地方政府的认可。为了妥善安置拆迁村民,毕庄村委会在村支书的带领下,由全体拆迁户推选代表成立了房屋建设委员会,每位代表各司其职,独立、民主地运作房屋建设的各项事宜,建设事项通过拆迁户全体协商、讨论、征求意见,委员会集体决策的方式确定安置房的总体规划,房屋的结构、布局、外观,商定施工单位和建设造价,进行集中建设,节约了成本,保证了质量,提高了居住标准,成为了当地拆迁安置的示范村。

　　工程占压的房屋拆迁后,村民自己解决临时居住的问题,或投亲靠友或临时租住本村房屋,对有个别困难的住户采取特殊安排,并全部发放临时安置费用。整个安置房的建设工期总计约一年半的时间,这里面包括宅基地的规划、落实和手续办理,村台选择在涝洼地需要填筑,安置房的规划和建设等。

　　原工程占压区房屋条件及街道情况见图 8-1。

图 8-1　原工程占压区房屋条件及街道情况

　　集中安置区的村内道路均为混凝土路面,宽 8 m,两侧设排水沟和绿化带,生活污水采用化粪池集中处理,雨水统一排放,做到了雨污分流。本村自打一眼深井作为饮用水源,并安装自来水管道每家入户。村内道路、水、电等基础设施均由工程项目的移民专项资金建设。每户宅基地的标准尺寸为 17 m×20 m,院落面积为 10 m×7 m,房屋全部统一为二层楼,建筑面积 200 m²,简单装修,每户综合造价为 13.5 万元,全部拆迁户房屋平均补偿约 10 万元。

　　安置房调查走访情况见图 8-2~图 8-5。

图 8-2　同县局负责同志商量调查方案　　　　图 8-3　同村支书了解安置情况

图 8-4　安置房及道路设施

图 8-5　村边绿化及休闲广场

1)村民毕 ＊ 科安置情况

家有 6 口人,夫妻两人、两个老人和两个孩子,两个孩子都在上学,本人以外出打工为主,年收入 3 万~4 万元。家里有耕地 9 亩,年均亩产值在 1 000 元左右。老房子拆迁补偿 10 万元,买新房 13.5 万元,装修家电等花了 2 万元,安装有线电视和移动网络,有一辆电动汽车。居住条件、村内道路和周围环境改善了很多,房子面积比以前大了,厨房采用天然气做饭,卫生间安装有自来水和热水器。村里集中规划和建设房屋,比自建房屋的标准和条件要好,不用费精力和时间建房,而且还节约了成本。刚开始拆房时因为安置没着落,要自己找临时住的地方,遇到了很多困难,补偿款刚刚够建现房,心里的确不愿意搬迁,现在的房子虽然自己补贴了 3.5 万元的费用,但是房子质量、结构和标准更好,总体比较满意。现场调查及走访情况见图 8-6。

图 8-6　现场调查及走访

续图 8-6

2)村民毕*敏安置情况

家里有 3 口人,一个老人和两个孩子;两个孩子都已成家,儿子在外地工作和生活,现在基本是老人一个人居住。4 亩耕地都已经流转,老人不再种地,每亩地年收入在 800 元左右;房屋拆迁补偿 15.5 万元,购买新房尚有结余。老人身体健康,对现在的居住条件和生活状况非常满意。现场调查及走访情况见图 8-7。

图 8-7　现场调查及走访

3)村民陈*亮安置情况

家有 5 口人,夫妻两人和三个孩子,三个孩子都已成家,俩老人和儿子住在一起,儿子长期在济南打工,老人在家种地务农,共有耕地 8 亩。老房子拆迁补偿 12 万元,购买新房基本没有补贴,新房添置了部分家具和家电,生活条件比以前有了很大改善,对现在的生活比较满意。现场调查及走访情况见图 8-8。

图 8-8　现场调查及走访

2. 牛角店镇夏码头村

夏码头村全村共 215 户,其中工程占压安置 12 户,安置方式为统一安排宅基地,村民自建房屋。规划宅基地为基本农田,通过放淤的方式淤填房台,宅基地规划面积为 17 m× 16.5 m。房子拆迁后由村民自己找临时居住的地方,基本上是在本村解决住房问题。村民自建房屋建成后,新建房屋门前的出行道路没有配套,现在仍然是土路面,雨后泥泞,出行困难,工程配套的基础设施建设资金如何落实和使用不清楚。2018 年由当地政府投资的村内道路建设,解决了一条村内道路,部分搬迁户的门前修建了混凝土路面。

12 户安置村民的生活及生产条件都相差不大,房屋拆迁补偿平均约 10 万元,刚刚能满足新建房屋的成本费用,新建房屋面积和条件比以前的房屋有较大改善,多数都要自己补贴建房费用。村民饮用水为本村的一眼深井水,水质较好,并供应聊城自来水水厂,村民做饭基本为液化煤气,部分会使用大灶台,冬季取暖采用煤炉烧煤。由于多数安置的村民外出打工,家中无人,随机入户走访了 3 家,安置户对补偿标准、安置过程、安置条件和安置效果有较多意见,搬迁户除居住条件稍有改善外,生活条件基本变化不大。现场调查及走访情况见图 8-9、图 8-10。

图 8-9　在村委会和村干部交流

图 8-10　村内土路面及新修路面

1）村民李 * 平安置情况

李 * 平家有 4 口人，夫妻两人和两个女孩，一个成家、一个在上大学，平时以在外打工为主，家里有 4 亩耕地，年收入在 3 万元左右，供孩子上学经济压力较大。老房子拆迁补偿 10 万元，建新房花了 11 万元，基本没有进行装修。家里用自来水，做饭采用液化气。现场调查及走访情况见图 8-11。

图 8-11　现场调查及走访情况

2）村民陶 * 勇安置情况

陶 * 勇家有 5 口人，夫妻两人和三个孩子，孩子都已成家，俩老人和小儿子一起居住，宅基地和房子是小儿子的。儿子经常在外打工，两个老人负责家里的 5 亩农田，家庭年收入在 3 万元左右，生活比较拮据，但是也没有太大的负担。老房子拆迁补偿 12 万元，原来老人和孩子有两处院子、房子面积大，现在只安排了一处宅基地，老人只能和孩子一起住，补偿款基本能够建现房,但是没有进行任何装修,水泥地面和白墙,外墙也没有粉刷,家具大多都是原来的老家具,基本没有添置新的东西。房屋拆迁后临时住在同村人家里有 2 年,给家里带来很多困难,也受了不少苦,拆迁补偿款基本刚够建现房的费用,房子面积大了,但生活条件基本没有变化和提高。因工程需要进行搬迁,老人充分理解和支持,但是的确给搬迁村民带来一定的困难和负担。现场调查及走访情况见图 8-12。

图 8-12　现场调查及走访

3. 牛角店镇陶嘴村

陶嘴村全村有 145 户村民,其中工程占压安置 41 户,全部采用统一安排宅基地、村民自建房屋的形式进行集中安置。全村拆迁安置户平均补偿款在 10 万元左右,基本能够满足建一套普通新房的费用。宅基地标准为 12 m×18 m,据走访村民反映,宅基地标准和大小尺寸不够合理,造成新房布置和使用不够方便。村民从拆迁到建完房入住需要一年半的时间,临时安置费只有 6 个月,每户 600 元,标准太低。房子建好后村里统一修建的村内道路,在原来水泥地面的基础上铺了一层柏油路面,道路两侧设置排水沟和绿化空间。全村均用自来水,水质很好,每家厕所均按照最新的标准修建,采用地方政府统一配置的化粪池,总体安置水平、基础设施和居住环境有较大改善和提高。

本次入户调查 3 户,发放填写调查问卷 9 份。村委会现场交流情况见图 8-13,村内安置房及道路修建情况见图 8-14。

1)村民于 * 云安置情况

于 * 云家里有 5 口人,夫妻两人、两个老人和一个孩子,孩子在乡镇中学上初中,第二胎尚未出生,新建房子有 150 m²,建房造价 12 万元,老房子拆迁补偿 10.5 万元。隔壁邻居是叔叔家,由于常年在外打工基本不在家居住,因此两家院子没有分开,合二为一比较

图 8-13　在村委会和村支书进行交流

图 8-14　安置房和村内道路

宽敞。家里有 8 亩地,基本由老人种植,其以在外打工为主,年收入在 2 万~3 万元,家里的消费主要以孩子上学为主,老人身体健康,经济压力不大。家里有自来水,用液化气做饭,冬天取暖采用煤炉。

新房居住条件比以前有了较大改善,新修的门前道路,出行比较方便,由于建新房和添置了新的家具和家电,补贴了一些费用,目前收入太低,打工收入也不稳定,以后孩子上学支出逐渐增多,经济压力会增大,但生活基本稳定,生活条件和居住条件在当地属中等水平。现场调查新建房屋情况见图 8-15。

2)村民陶 * 平安置情况

陶 * 平家里 4 口人,夫妻两人和两个孩子,目前老两口独自居住,孩子已成家。建新房花了 10 万元,老房子拆迁补偿 10 万元,基本持平。俩人身体不好,高血压严重,不能外出打工,基本没有其他收入,日常吃药看病的花费较多,生活压力较大。居住条件比以前有了改善,但由于房屋拆迁和建新房给家里带来一定困难,对村里的拆迁安置有较大意见。尤其对宅基地的规划标准不满意,12 m×18 m 的尺寸,使得建房面积和平面布置很不合理,院子太小,居住使用很不方便。现场调查新建房屋情况见图 8-16。

8.4.2.3　专业项目复建调查

专业项目主要有道路恢复、电力线路恢复、水利设施恢复等项目,总投资 1 159 万元。具体实施由东阿黄河工程局承担,工程完成后由地方专业部门共同完成了验收并移交相关部门。

专业项目中道路恢复包括混凝土路面 11.6 km,主要为乡村道路以及村内道路的新

图 8-15　现场调查新建房屋情况(村民于＊云)

图 8-16　现场调查新建房屋情况(村民陶＊平)

建和恢复;电力线路包括 10 kV 线路 2.6 km,普通电力线杆 165 杆和通信线杆 123 杆的新建和恢复;浆砌石排水渠 2 379 m 等。在完成受影响专业设施恢复的同时,对连接村庄的上下堤辅道进行了改建和扩建或延长,对与工程临近或受工程影响的生产道路、渠道以及电力、通信设施进行了恢复或整修,确保了村民生产和生活的需要。在工程的实施过程中以及在工程完成后,所有受影响的专业项目皆按照原来的标准或根据设计要求进行了恢复,村民生产、生活没有受到影响,恢复的部分设施均有改善和提高。

8.4.3 邹平市移民安置调查

8.4.3.1 生产安置调查

1. 永久占地情况

邹平堤防加固工程永久占地共 910.99 亩,涉及 2 个镇 30 个村的 580 人。在占压的 30 个村当中,面积超过 30 亩的有 11 个村,面积最大的是码头镇的小牛王村 80.75 亩,生产安置人口 79 人,台子镇的刘先生村 77.40 亩,生产安置人口 36 人。30 个村全部采用一次性补偿的安置方式。工程永久占压情况见表 8-4。

表 8-4 邹平市工程永久占压情况

镇	涉及村庄	总人口/人	总耕地/亩	人均耕地/(亩/人)	工程占压耕地/亩	占压后人均耕地/(亩/人)	生产安置人口/人
码头	田拐	402	565	1.41	31.65	1.33	23
	谷家	406	796	1.96	11.02	1.93	6
	东段	255	309	1.21	31.67	1.09	27
	仁合	269	291	1.08	19.40	1.01	18
	孙家	417	707	1.70	11.53	1.67	7
	草庙	1 007	1 763	1.75	21.56	1.73	13
	老张桥	100	80	0.80	14.04	0.66	18
	新张桥	182	302	1.66	61.37	1.32	37
	马家	186	199	1.07	21.93	0.95	21
	刘桥	179	249	1.39	36.58	1.19	27
	旧安	553	992	1.79	13.73	1.77	8
	韩家	259	774	2.99	37.35	2.84	13
	李家	342	472	1.38	20.01	1.32	15
	延西	815	1 505	1.85	31.29	1.81	17
	陈寨	880	1 706	1.94	22.58	1.91	12
	小牛王	495	510	1.03	80.75	0.87	79
	大牛王	630	794	1.26	42.76	1.19	34
	黄龙	239	353	1.48	1.65	1.47	2
	洼里	540	561	1.04	29.43	0.98	29

续表 8-4

镇	涉及村庄	总人口/人	总耕地/亩	人均耕地/（亩/人）	工程占压耕地/亩	占压后人均耕地/（亩/人）	生产安置人口/人
台子	老鸦赵	450	986	2.19	8.45	2.17	4
	刘先生	347	761	2.19	77.40	1.97	36
	闫家	1 186	3 175	2.68	72.12	2.62	27
	西升	268	609	2.27	25.28	2.18	12
	张博	713	1 103	1.55	13.86	1.53	9
	邵家	538	779	1.45	44.30	1.37	31
	胡楼	346	609	1.76	3.95	1.75	3
	玉皇	350	846	2.42	57.51	2.25	24
	张家庵	188	419	2.23	16.22	2.14	8
	常家	221	537	2.43	17.61	2.35	8
	盛家	195	485	2.49	29.35	2.34	12
合计							580

邹平市永久征地补偿标准为：耕地 33 000 元/亩，鱼塘 40 000 元/亩，藕塘 37 500 元/亩，用材林 37 000 元/亩，工程实施过程中均按照实施方案的标准进行补偿。

本次调查走访了码头的延西村和大牛王村，延西村征用耕地 31.29 亩，涉及人口 17 人，人均耕地从原来的 1.85 亩减少为 1.81 亩；大牛王村征用耕地 42.76 亩，涉及人口 34 人，人均耕地从 1.26 亩减少为 1.19 亩。

被征地农户耕地数量均有不同程度的减少，每年的生产性收入有所降低，由于多数农户的青壮年外出打工或在当地企业上班，总体生活水平受到一定的影响，但影响不是很大。部分农户依靠耕地的补偿款和当地政府的优惠贷款安装了太阳能发电装置，该装置的发电可以并入当地电网，每月可有近 2 000 元的固定收入，收入期可达 10 年。因此，当地村民通过不同的方式，缓解由于耕地减少对生活的影响。

2. 临时挖地及复垦情况

邹平市临时占地规划面积 2 627.91 亩，涉及 2 个镇 31 个行政村，实际占地 2 627.91 亩，其中挖地 2 021.55 亩，压地 606.36 亩。全部按设计要求进行了复垦。

临时挖地情况调查了台子镇的官道村一户村民，该户家庭有 3 口人，1 人外出打工，1 人正读大学，有耕地 3 亩，全部为水浇地，扣除生产支出，农业净收入共计约 3 500 元，加上每年打工收入 25 000 元，年收入约 28 500 元，人均纯收入 9 500 元。本次防洪工程取土全部占用 3 亩耕地，补偿补助资金共 21 546 元。工程复垦后第一年农作物产量受到影响，农业纯收入为 3 200 元，不过家里以打工收入为主，农业收入下降对家庭总收入影响不大。

8.4.3.2　生活安置调查

邹平市移民安置工程涉及 2 个镇 11 个村的 90 户村民。其中有 24 户不需要建房或暂时不需要建房,原因是去镇、县城购房或有两处宅基地,与子女同住;66 户在本村建了新房。66 户新建住房户中码头镇的延西村 12 户为集中安置,大牛王村 6 户为分散安置但相对集中;台子镇刘先生村 4 户分散安置,其余各村新建住房数量少且安置分散。

经过提前和县局沟通、商量,现场调查要考虑住房户要相对集中,村支书没有换届调整了解安置情况,村民在家便于走访等因素,本次调查对象确定为码头镇的延西村和大牛王村。调查以入户调查和问卷调查相结合的方式,首先和村主任见面交流,了解本村移民、迁占和安置的总体情况,安置村民的总体生活现状、安置方式、安置过程以及存在的问题和建议等。

调查组由 4 人组成,邹平市原工管科科长、现工管科科长带领,调查时间为 8 月 6 日和 7 日。延西村入户调查 4 户,问卷调查 12 份;大牛王村入户调查 3 户,问卷调查 6 份,调查对象全部覆盖本次拆迁安置户。具体调查情况如下。

1. 码头镇延西村

延西村全村 220 户,本次工程占压 12 户,均为集中安置。本村人均耕地 2.5 亩左右,以农业生产为主,种植玉米、小麦,没有其他副业,年轻劳力在附近企业、工厂或外出打工,村民生产条件和生活水平与周边村民情况基本相同。

生产条件:在工程永久占地方面本村占地较少,采用经济补偿方式,没有进行调地。目前,农业种植作物为玉米和小麦,一年两季,平均每亩净收入仅 700 元左右,农业生产收入是家庭收入的基本保障,但是无法满足日常支出及教育、医疗的支出费用,因此土地占压对村民的生活水平的影响相对较小。

村民耕地主要分布在大堤沿线临、背河两侧,耕作半径 1.5 km 左右,全部为水浇地,生产道路完善,满足机械化播种、收割条件。

生活条件:本村 12 户村民均为分散安置,由村里统一规划安排宅基地,宅基地面积标准为 15 m×17 m,具体位置由抽签决定。新建住房均为砖混结构的瓦房,房屋布置及结构形式基本相同,包括主房、偏房、厨房、厕所及门头,院子面积一般在 30~40 m²,院子地面多为水泥地面。主房各家装修条件略有差别,地面一般为瓷砖地面,铝合金门窗,前厦封闭,房屋吊顶等,居住条件高于多数未搬迁村民。

各户家用电器基本齐全,包括电视、空调、移动网络,交通工具一般为电动车或电动三轮车,个别户有小型汽车及农用车;饮用水为乡镇统一供给的自来水,全天供水,水质质量较好。村内道路均为水泥路,并设排水沟。小学在码头镇,家长每天接送;邻村设有卫生室,几个村合用一个。村内设有村委大院,一个公共休闲文化小广场,并配备健身活动器材。

经过走访几户村民,生活条件均得到了较大改善,没有因为搬迁建房造成额外的债务和经济负担。安置户由于原来住房面积、结构和条件不同,拆迁补偿额度略有差别,平均每户补偿款在 12 万 ~17 万元,新建一套院子按照当地普遍采用的结构和装修水平,当年的平均造价在 16 万元左右。总体上,搬迁补偿款基本能满足一套当地普通住房的建设成本,装修、家具、家电配备方面因各户经济条件而不同,但居住条件与原来相比得到了较大改善和提高。走访各家总体反映,虽然因拆迁建房经历了一些困难,但是因为这次机会改善了住房条件,否则大部分拆迁户没有必要,也没有条件或能力再建新房。

延西村委在拆迁安置方面做了较多工作,协调乡镇统一安排了宅基地,在安置方面村民基本满意。

图 8-17(a)为村委大院;图 8-17(b)为文化健身广场;图 8-17(c)为村委办公室;图 8-17(d)为新建村民房屋。

图 8-17　现场调查走访

以下是走访的几户搬迁村民的生产和生活情况。

1)村民孙 * 符安置情况

孙 * 符家有 5 口人,孩子在外打工,两口在家种地,没有大的经济负担,种地收入太少,打工收入不稳定。房屋拆除前房屋类型,砖木结构面积 185 m^2,土木结构房屋 55 m^2,人均住房面积 48 m^2,住房面积虽然较大,但是房屋年代较久,居住环境一般。2013 年 4 月旧房拆除,拆迁补偿款共兑付 14.8 万元,2015 年初新房建成,全部为砖混结构,面积

$250 \mathrm{~m}^2$，人均 $50 \mathrm{~m}^2$，居住环境得到了很大改善。

图 8-18(a)为大门及门口道路,图 8-18(b)为院子及主房,图 8-18(c)为主房及前厦,图 8-18(d)为厨房,图 8-18(e)为厕所。

(a)　　　　　　　　　　　　　　　(b)

(c)　　　　　　　　　　　　　　　(d)

(e)

图 8-18　现场调查走访

移民安置情况调查表见图 8-19。

移民安置情况调查表

乡　镇	孙耿镇		村　名	迎河村		户　名	孙×诗	
调整土地的类型（打钩）	水淹地		旱地	变好		没变	变差	
水淹地的比例（%）	每户拥有土地中水淹地的比例			4口	共3亩/间		自新小设600	
人均耕地（亩）	全家人均耕地亩数：							
耕作半径（km）	到农田的平均距离：			2km	约300m			
耕地亩产量（kg/亩）	全年平均：			100斤左右	1000斤/7年			
土地调整情况满意度（打钩）很满意			满意	一般		不满意		
住房质量（打钩）	提高	✓	不变	变差		砖混结构	✓	砖木结构
人均住房面积（平米）		总220m²		人均85m²				
卫生厕所条件（打钩）	旱厕		化粪池 ✓	搬迁之前厕所形式：露天厕		旱厕		化粪池
人均收入（元/人.年）	工资收入		农业生产收入	打工经营收入		其他收入		年人均收入
			9600元					
人均消费支出（元/人年）	生活消费		文化教育	医疗保健		社会来往		其他
		✓						
新农合参保情况（打钩）	有	✓		无：				
有线电视（打钩）	有			无：				
做饭方式（打钩）	烧煤		烧秸秆	液化气 ✓		天然气		
冬季取暖方式（打钩）	集中供暖		烧煤 ✓	用电		天然气		没有
家用电器情况（打钩）	冰箱		洗衣机	彩电		空调 ✓		
交通工具情况（打钩）	电动车 ✓		摩托车	汽车		自行车		家用三轮
生活安置满意度（打钩）	满意 ✓		一般	不满意		原因：		
搬迁户与村民关系	变好		没变	变差		原因：		
亲戚交往情况	变好		没变	变差		原因：		
社会生活丰富程度	变好 ✓		没变	变差		原因：		
村民对政府工作满意程度	满意		一般	不满意		原因：		
村民对政府信任程度	信任		一般	不信任		原因：		
搬迁户是否愿意搬迁	是 ✓		否			原因：		
儿童是否入学	是 ✓		否	原因：在乡镇入小学				
搬迁后社会治安状况	变好 ✓		没变	变差				
饮水方式	自来水 纯净		压水井 ✓	可饮用 ✓		不能饮用		
供电保证率								
村内道路状况	柏油路		水泥路 ✓	砂石路		土路		
对外交通道路	柏油路		水泥路	砂石路		土路		
对外交通方式	公交车 ✓		自主出行					
诊所	有：		无					
饮用水水质	好 ✓		一般	差		无法饮用		
年均风沙天数（天）		基本没有						

图 8-19

2）村民马＊光安置情况

马＊光家有 3 口人,孩子已成家,有一位老人,妻子患病偏瘫,因照顾妻子无法外出打工,除种地外无其他收入,生活基本稳定,没有其他大的支出,主要是看病支出压力。拆迁补偿款 15 万元,基本满足建房费用。

图 8-20(a)为家门口及道路,图 8-20(b)为客厅,图 8-20(c)为客厅内家电。

(a)   (b)

(c)

图 8-20　现场调查走访

移民安置情况调查表见图 8-21。

2. 码头镇大牛王村

大牛王村本次搬迁安置共 6 户,在落实拆迁补偿协议及补偿款后,6 户村民按时将房屋拆除,由于没有投亲靠友和暂时居住的条件,几户村民临时住在了帐篷里。村里对宅基地没有统一安排,当地政府以没有土地指标为由,长期不给予落实。由于宅基地始终没有着落,其中 4 户村民自己联合将村东边的一处芦苇涝洼地填筑了房台,另外 2 户村民在村周边的涝洼地填筑平台盖了新房,宅基地面积基本符合当地的标准。新房建成后天气已经转冷,村民在帐篷里住了约半年时间,入冬前搬入新房。

家有3口人.

移民安置情况调查表

乡 镇	码头	村 名	延西	户 名	8*光
调整土地的类型（打钩）	水浇地 ✓	旱地	变好	没变	变差
水浇地的比例（%）	每户每户土地中水浇地的比例:		80.	3口人.	
人均耕地（亩）	全家人均耕地亩数:		2.5亩.		
耕作半径（km）	到农田的平均距离:		1.5至2km.		
耕地亩产量（kg/亩）	全年平均:				
土地调整情况满意度（打钩）	很满意	满意	一般	不满意	
住房质量（打钩）	提高 ✓	不变	变差	砖混结构	砖木结构
人均住房面积（平米）	院子15×17m². 房子200m². 还有偏房.				
卫生厕所条件（打钩）	旱厕	化粪池	搬迁之前厕所形式: 露天厕 旱厕		化粪池
人均收入（元/人·年）	工资收入	农业生产收入	打工经营收入	其他收入	年人均收入
		6000元.	5000元.	无.	
人均消费支出（元/人年）	生活消费	文化教育	医疗保健 ✓ 没有病人看.	社会来往	其他
新农合参保情况（打钩）	有: ✓		无:		
有线电视（打钩）	有: ✓ 有网络.		无:		
做饭方式（打钩）	烧煤	烧秸秆	液化气 ✓	天然气	电 ✓
冬季取暖方式（打钩）	集中供暖	烧煤 ✓	用电	天然气	没有
家用电器情况（打钩）	冰箱 ✓	洗衣机 ✓	彩电 ✓	空调 ✓	
交通工具情况（打钩）	电动车 ✓	摩托车	汽车	自行车	
生活安置满意度（打钩）	满意 ✓	一般	不满意	原因:	
搬迁户与村民关系	变好	没变 ✓	变差	原因:	
亲戚交往情况	变好	没变 ✓	变差	原因:	
社会生活丰富程度	变好	没变 ✓	变差		
村民对政府工作满意程度	满意	一般 ✓	不满意	原因:	
村民对政府信任程度	信任 ✓	一般	不信任	原因:	
搬迁户是否愿意搬迁	是 ✓ 刚开始不愿意.	否		原因: 地在远处.	
儿童是否入学	是 ✓	否	原因:		
搬迁后社会治安状况	变好 ✓	没变	变差		
饮水方式	自来水 ✓	压水井	可饮用 ✓	不能饮用	
供电保证率					
村内道路状况	柏油路	水泥路 ✓	砂石路	土路	
对外交通道路	柏油路 ✓	水泥路 ✓	砂石路	土路	
对外交通方式	公交车 ✓	自主出行			
诊所	有: ✓ 几村合用卫生室.		无:		
饮用水水质	好 ✓	一般	差	无法饮用	
年均风沙天数（天）	没有了.				

图 8-21

　　4 户村民自行联合统一建的新房,院落布置和房屋结构完全一致,布局合理、简单适用,相对建房成本较低,内部装修条件较好,居住条件与之前相比得到了较大改善。另外 2 户村民中,其中 1 户村民因为在县城买了房子,经济压力较大,虽然填筑了房台,但只是建了几间轻质板房供老人居住,条件相对较差。

　　新房前的道路由几户村民自发修建,修路资金来自移民安置基础设施费用以及地方政府的补贴,当地县局负责修建了一段出村道路与大堤辅道相连,路面为水泥路面。

　　各户家用电器基本齐全,包括电视、空调、移动网络,交通工具一般为电动车或电动三轮车;村内没有自来水,均为每户自打水井取水,水质较好,适合饮用。邻村设有卫生室,几个村合用一个。小学和幼儿园皆在乡镇,每天接送,学习条件较好。

　　经过走访几户村民,生活条件均得到了较大改善,没有因为搬迁建房造成额外的债务和经济负担。安置户由于原来住房面积、结构和条件不同,拆迁补偿额度略有差别,平均每户补偿款在 12 万~17 万元,新建房子的布局和结构形式与原来的房子相比更简单实用,建房成本相对较低,平均在 10 万元左右,居住条件与原来相比得到了较大改善和提高。走访各家总体反映,拆迁建房经历了一些困难,宅基地长时间没有落实对生活影响较大,宅基地在后来的确权登记中也给予了确认,结果还比较满意。

　　村内基础设施情况:图 8-22(a)、(b)为村内道路;图 8-22(c)为房前新建道路;图 8-22(d)为和县局工管科科长、村支书在村民家交流、了解情况。

(a)　(b)　(c)　(d)

图 8-22　村内基础设施情况

1）村民王＊峰家情况

目前家里有 3 口人，1 个女儿已经出嫁，但是户口没有迁出。男户主长期在外面打工，主要是从事建筑工作，前两年因为在工地受伤，右手 3 个手指被打断，现在打工受到影响。家里的生活条件总体不错，没有经济负担，身体健康，目前很少外出打工，主要是在家干活和接送孩子上学。

这次房屋拆迁后 4 户村民的房台填筑和建新房均由该户组织完成，由于长期从事建筑行业工作，在建房方面经验丰富，因此在房屋的布置、结构、建设方面比较合理，建房成本相对较低，平均每户 10 万元左右，拆迁补偿款略有剩余，减小了经济负担。另外，响应当地的经济发展辅助和补偿政策，该 4 户依靠政府的低息贷款，每户贷款 10 万元统一在房顶安装了太阳能发电设施，发电量并入当地电网，每月发电收入 2 000 元，低息贷款 6年回本，之后每月的固定收入可维持基本生活保障。

该户家庭生活设施一应俱全，依靠自备水井、抽水设备和房顶的水箱，厨房、卫生间均有管道供水，生活条件总体高于本村多数村民。现场调查走访情况见图 8-23。

图 8-23　现场调查走访情况

移民安置情况调查表见图 8-24。

2）村民王＊涛家情况

家有两口人，已结婚没有孩子，在外务工，在县城买的房子，家里拆迁后填筑了房台没有盖新房，搭建简易板房给单身老人居住。现场调查走访见图 8-25。

△ 原来的房也现在好. 拆迁补贴.7万元:
院子23×15m, 10年的新房子.

移民安置情况调查表

乡　　镇	移头	村　名	大牛王	户　名	王*峰	3口2人
调整土地的类型（打钩）	水浇地	旱地	变好	没变	变差	
水浇地的比例（%）	每户所有土地中水浇地的比例:					
人均耕地（亩）	全家人均耕地亩数:		1.3亩			
耕作半径（km）	到农田的平均距离:		1.5-2 km			
耕地亩产量（kg/亩）	全年平均:					
土地调整情况满意度（打钩）	很满意	满意 ✓	一般	不满意		
住房质量（打钩）	提高 ✓	不变	变差	砖混结构 ✓	砖木结构	
人均住房面积（平米）		120 m²	院子总10.5万元. 补贴1.7万元.			
卫生厕所条件（打钩）	旱厕	化粪池:	搬迁之前厕所形式: 露天厕 ✓ 旱厕		化粪池	
人均收入（元/人.年）	工资收入 元	农业生产收入 3000元	打工经营收入 约5000元.	其他收入	年人均收入	
人均消费支出（元/人年）	生活消费	文化教育	医疗保健	社会来往	其他	
新农合参保情况（打钩）	有 ✓		无:			
有线电视（打钩）	有 ✓		无:			
做饭方式（打钩）	烧煤	烧秸秆 ✓	液化气 ✓	天然气		
冬季取暖方式（打钩）	集中供暖	烧炕 ✓	用电	天然气	没有	
家用电器情况（打钩）	冰箱	洗衣机	彩电	空调		
交通工具情况（打钩）	电动车 ✓	摩托车	汽车	自行车		
生活安置满意度（打钩）	满意 ✓	一般	不满意	原因		
搬迁户与村民关系	变好	没变 ✓	变差	原因		
亲戚交往情况	变好	没变 ✓	变差	原因		
社会生活丰富程度	变好	没变 ✓	变差	原因		
村民对政府工作满意程度	满意	一般 ✓	不满意	原因		
村民对政府信任程度	信任	一般 ✓	不信任	原因		
搬迁户是否愿意搬迁	是	否	原因			
儿童是否入学	是 ✓	否	原因			
搬迁后社会治安状况	变好 ✓	没变	变差	30m才进 补贴		
饮水方式	自来水	压水井 自打井	可饮用 ✓	不能饮用		
供电保证率				原来王路. 在停水泥8毛		
村内道路状况	柏油路	水泥路 ✓	砂石路	土路	县后自家修一段村口	
对外交通道路	柏油路	水泥路 ✓	砂石路	土路	通路.	
对外交通方式	公交车 ✓	自主出行 ✓				
诊所	有 自村 合办 已住地					
饮用水水质	好 ✓	一般	差	无法饮用		
年均风沙天数（天）		无				

△ 无宅基地, 自己建菜地. 活地. 成房子. 花园. 4户: 同样有宅地.
4户. 房子形式. 面积 都. 一样.

图 8-24

图 8-25　现场调查走访

8.4.4　垦利区移民安置调查

8.4.4.1　生产安置调查

1. 永久占地情况

垦利堤防加固工程规划永久占地 701.31 亩,涉及 2 个县(区)4 个乡镇 38 个村。在永久占地征收过程中,发现部分占地属防洪工程用地,因此项目实际完成永久占地为 602.83 亩,涉及 49 个村。

工程永久占地情况见表 8-5。

表 8-5　垦利区工程永久占地

区	镇(街道办)	村庄		委托协议(含变更)/亩	完成移交/亩
2	4	49		602.83	602.83
小计	3	9		291.04	291.04
垦利区	董集镇	1	后许村	0.85	0.85
		2	前许村	10.90	10.90
	胜坨镇	3	大白村	14.87	14.87
		4	王院村	28.29	28.29
		5	宋家村	17.40	17.40
		6	周家村	97.84	97.84
	垦利街道	7	朱家村	20.64	20.64
		8	小口子	51.30	51.30
		9	二十一户	48.95	48.95
小计	4	46		311.79	311.79
东营区	龙居镇	1	吕家村	0.62	0.62

续表 8-5

区	镇(街道办)	村庄		委托协议(含变更)/亩	完成移交/亩
垦利区	董集镇	2	罗家村	7.23	7.23
		3	西韩村	10.05	10.05
		4	新里村	1.25	1.25
		5	前许村	1.68	1.68
		6	后许村	1.04	1.04
		7	杨庙村	2.13	2.13
		8	宋王村	2.45	2.45
		9	南范村	5.01	5.01
		10	东范村	2.61	2.61
		11	小街村	11.59	11.59
		12	北范村	2.82	2.82
	胜坨镇	13	梅家村	31.58	31.58
		14	卞家村	7.16	7.16
		15	大白村	6.31	6.31
		16	王院村	4.14	4.14
		17	棘刘村	3.54	3.54
		18	前彩村	4.98	4.98
		19	西街村	3.06	3.06
		20	宋家村	6.62	6.62
		21	胥家村	3.17	3.17
		22	周家村	4.18	4.18
		23	陈家村	3.39	3.39
		24	大张村	12.62	12.62
		25	新张村	5.50	5.50
		26	小张村	7.52	7.52
		27	苏刘村	5.79	5.79
		28	海西村	10.52	10.52
		29	海东村	10.97	10.97
		30	义和村	33.47	33.47
		31	宁家村	5.65	5.65

续表 8-5

区	镇(街道办)		村庄	委托协议(含变更)/亩	完成移交/亩
垦利区	胜坨镇	32	张西村	22.32	22.32
		33	张东村	20.51	20.51
		34	苏家村	21.30	21.30
		35	寿合村	8.44	8.44
		36	常家村	1.09	1.09
		37	路家村	0.88	0.88
		38	后彩村	0.91	0.91
		39	三佛村	0.87	0.87
		40	辛庄村	0.73	0.73
	垦利街道	41	西尚村	5.24	5.24
		42	西冯村	3.76	3.76
		43	永兴村	0.83	0.83
		44	双河镇村	3.99	3.99
		45	西双河村	2.07	2.07
		46	双河村	0.20	0.20

工程永久占地涉及的 49 个村中均按照实施方案的标准和要求进行了生产安置,各村综合各方面因素选择了不同的生产安置方式,其中 29 个村采取一次性补偿的安置方式,19 个村采取了本村调地的安置方式,1 个村采取集体统筹的安置方式。生产安置方式情况见表 8-6。

表 8-6　垦利区生产安置方式

区	镇(街道办)		村庄	实施情况		
				一次性补偿	调地	集体统筹
2	4		49	29	19	1
垦利区	小计	3	9	2	7	
	董集镇	1	后许村		√	
		2	前许村		√	
	胜坨镇	3	大白村	√		
		4	王院村		√	
		5	宋家村		√	
		6	周家村	√		
	垦利街道	7	朱家村		√	
		8	小口子		√	
		9	二十一户		√	

续表 8-6

区	镇(街道办)		村庄	实施情况		
				一次性补偿	调地	集体统筹
小计	4	46		26	16	1
东营区	龙居镇	1	吕家村			
垦利区	董集镇	2	罗家村		√	
		3	西韩村		√	
		4	新里村	√		
		5	前许村		√	
		6	后许村		√	
		7	杨庙村		√	
		8	宋王村			
		9	南范村		√	
		10	东范村	√		
		11	小街村	√		
		12	北范村	√		
	胜坨镇	13	梅家村	√		
		14	卞家村		√	
		15	大白村	√		
		16	王院村		√	
		17	棘刘村			
		18	前彩村	√		
		19	西街村	√		
		20	宋家村		√	
		21	胥家村	√		
		22	周家村	√		
		23	陈家村		√	
		24	大张村		√	
		25	新张村		√	
		26	小张村	√		
		27	宋刘村	√		
		28	海西村		√	
		29	海东村			√

续表 8-6

区	镇(街道办)		村庄	实施情况		
				一次性补偿	调地	集体统筹
垦利区	胜坨镇	30	义和村		√	
		31	宁家村	√		
		32	张西村	√		
		33	张东村	√		
		34	苏家村		√	
		35	寿合村		√	
		36	常家村	√		
		37	路家村	√		
		38	后彩村	√		
		39	三佛村	√		
		40	辛庄村	√		
	垦利街道	41	西尚村	√		
		42	西冯村	√		
		43	永兴村	√		
		44	双河镇村	√		
		45	西双河村	√		
		46	双河村	√		

本次占地调查涉及胜坨镇和垦利街道的宋家村、周家村和朱家村,永久占地分别为17.4 亩、97.84 亩和 20.64 亩,宋家村和朱家村占地数量较小,安置方式采取调地方式,周家村占地数量较多调地困难,安置方式采取了一次性补偿的方式。

永久占地的安置是各村根据占地数量、本村耕地情况以及村民的意愿等情况自主选择相对最合理、易操作的安置方式。由于堤防加固工程是线性分布,工程占地在各村、各户中的耕地数量的比例很小,对村民的生产、生活基本没有什么影响。当前,垦利区各村的人均耕地面积在 1.5 亩左右,每亩耕地的年净收入只有 800~1 000 元,土地生产性收入在每户年收入里的比例很小,村民主要是以经营性收入或外出务工收入为主。

经调查了解,胜坨镇的 6 个村搬入社区入住以后,很大部分的村民已经把土地进行了流转,不再种地而是去当地企业工作。垦利区当地的油田企业以及民营经济比较发达,多数青壮年劳力都在当地的企业工作或者从事相关的服务、经营性行业,打工或工资收入是多数家庭的主要收入来源,土地的耕种主要是以老年人为主,因此垦利区永久占地在妥善安置后对村民的生产、生活基本没有负面影响。

2. 临时占地情况

垦利堤防加固工程临时占地共 5 162.69 亩,其中挖地 4 683.33 亩,压地 479.36 亩,所有临时占地在使用结束后都进行了复垦。

复垦实施方案中对复垦的设计要求及标准为:表层土处置需在临时用地开挖之前,采用推土机等机械将表层 30 cm 厚的种植土移至指定地点临时存放,在取土完成后,首先进行场地平整,再将表土转移覆盖在取土区表面。通过一定的保水保肥等措施,土地复垦 3 年后,农作物生长需要的土壤理化指标逐步接近当地土壤,复垦后的耕地生产力和适宜性基本达到当地耕地的平均水平。同时需完善田间道路及灌溉等配套设施。

在工程完成后,当地国土部门及当地的乡镇和村民认为实施方案中的复垦标准和复垦方式无法保证复垦后的耕地质量,要求对所有土场先进行回淤,然后再覆盖原来的表土,以确保复垦后的耕地不出现洼地,原来的耕地保持平整。调整复垦方案的原因一方面是当地国土部门以及当地村民对复垦耕地的要求,另一方面是在土场取土过程中,施工单位在部分土场没有严格按照要求取土,造成取土场超挖,土场深度较深,整平和恢复比较困难。

取土场超挖现象在河口段相对比较突出,主要原因是河口堤段土场土质差异较大,部分土场土壤质量难保证,另外,土场运距差异较大,不排除施工单位超挖较近土场的可能性,还有就是垦利堤防帮宽工程战线长、土方量大,征用土场的面积较大,在实际取土过程中,没有严格按照征用土地的范围取土。所以,基于以上各方面的原因,为了确保耕地的复垦质量,当地国土部门对复垦方案进行了调整,招标委托地方施工单位对所有土场先进行复淤,达到原有地面高程之后,进行整平并覆盖原来的表土,最后完善田间道路、灌溉等配套设施。取土场回淤、整平现场分别见图 8-26、图 8-27。

图 8-26　取土场回淤现场

图 8-27　取土场整平现场

复垦工程于 2014 年 7 月开工,2015 年 6 月全部完工并通过验收。最后复垦后的耕地经过大面积的整理和整平之后,完全满足耕地的质量要求,耕地产量基本没有受到影响。

8.4.4.2　生活安置调查

垦利区移民安置工程涉及 2 个镇、6 个村庄的 88 户村民。其中垦利街道 2 个村 26 户,采用村里统一安排宅基地,村民分散安置自建房屋;胜坨镇 4 个村均采用集中安置方式,结合胜坨镇胜利社区建设项目,由政府统一建房,统一销售单价,每家每人进行补贴的方式。安置任务共 62 户,经实际调查其中 36 户已经在胜利社区买房,6 户在城镇买房,剩余 20 户多数住在老宅院,部分在其他地方有房或跟随子女生活,主要是老人。图 8-28 为工程占压的老房子原貌。

图 8-28　老房子原貌

经过提前和垦利区局沟通、商量,确定要调查的内容和调查对象,并由区局负责前期移民工作人员带领,与各村的支书联系,一同入户进行调查。本次调查的对象是胜坨镇的 4 个村,均集中安置进入胜利社区,还有垦利街道的朱家村,在本村相对集中安置。

调查组由 4 人组成,垦利工管科副科长带领,调查时间为 8 月 8 日。本次调查在胜利社区选择典型户入户调查 3 家,填写问卷调查 21 份;垦利街道朱家村入户调查 2 家,填写问卷调查 6 份。具体调查情况如下。

1. 胜利社区

2013 年,东营市委、市政府为彻底解决黄河南展区群众的生产生活需要,决定实施黄河南展区村庄搬迁改造,规划建设 11 个新型农村社区,其中 2013~2015 年重点建设 8 个新型农村社区,胜坨镇胜利社区是其中之一。胜利社区共涉及 12 个村搬迁改造,共 2 444 户,其中 70% 选择进入胜利社区居住。胜利社区一期工程于 2013 年开工建设,共建设楼房 75 栋、1 132 套,截至 2015 年一期工程完工并全部实现入住。胜坨镇政府对胜利社区购买房屋的村民每人无偿配送面积 10 m²,外加 8 000 元的安置费。楼房类型分两层联排和多层住宅两种,二层联排为 200 型,多层住宅分三层和四层,三层为 55 型,四层为 65 型、80 型、100 型、100+55 型(子母房)和 120 型,均价为 1 950 元/m²。

图 8-29 为胜利社区新貌。

图 8-29　胜利社区新貌

本次调查涉及胜坨镇的 4 个村,分别是林子村、吴家村、许家村和卞家村,4 个村的拆迁户均集中安置在胜利社区。村民选择购买的户型从 65 型到 200 型均有,以 80 型、120 型居多。本次调查由每个村的支书或主任带领,选择不同户型和不同家庭情况的住户分别入户进行了调查和了解,并填写了调查问卷。

林子村本次占压的村民共 36 户,其中 25 户已经入住胜利社区,其余拆迁户部分在原村庄老宅子居住,或跟随子女居住,或在社区二期工程完工后入住。林子村入住胜利社区的 26 户村民,其中 55 户型 1 户、65 户型 2 户、80 户型 8 户、120 户型 8 户、155 户型 6 户、200 户型 1 户。本次调查分别选择了林子村 200 型联排别墅、林子村 120 型、许家村 65 型 3 家进行了入户走访,填写调查问卷 21 份,调查对象占集中安置户的 2/3。

入住胜利社区村民的土地均已流转,流转土地单价在每亩 700 元左右,多数村民以打工、经营性生产为主。

1) 林子村村民刘 * 华安置情况

居住户型为 200 型两层联排别墅,建筑面积 200 m²,精装修,购买价格 50 万元。家有 5 口人,人均土地 1.5 亩,已全部流转,孩子在外打工,本人自主从事打水井安装地下水制冷空调,平均年收入 4 万~5 万元。原拆迁房屋补偿 6.5 万元,地方乡镇补贴 8 000 元。现场调查及走访情况见图 8-30。

图 8-30　现场调查及走访

2）许家村村民李＊文安置情况

居住户型为 65 m²，两室一厅，家有 3 口人，两个儿子均已结婚，一个在陕西工作生活，一个在县城工作并有住房，老伴去世一个人在家，土地均已流转。原拆迁房屋补偿 7.5 万元，地方补贴 8 000 元，新房购房总价为 13 万元。现场调查及走访情况见图 8-31。

3）林子村村民刘＊昌安置情况

居住户型 120 m²，三室两厅，家有 4 口人，两个孩子都在上学，大孩子在读研究生，小孩子上初中，本人在当地民营企业万达集团上班，月收入 4 000 元左右，经济收入稳定。原拆迁房屋补偿 7 万元，地方补贴 8 000 元，享受当地优惠政策，房屋免费面积 40 m²，实际购买面积 80 m²，购买总价 16 万元。土地均已流转，每亩 700 元。现场调查走访情况见图 8-32。

图 8-31　现场调查及走访　　　　　图 8-32　现场调查及走访情况

2. 垦利街道朱家村

本次工程占压涉及垦利街道办 2 个村，朱家村和胥家村，安置方式均采用分散安置，由各村调整划拨宅基地，由村民自主建设房屋。两村规划安置共 26 户，朱家村 19 户，胥家村 7 户，其中 22 户在规划的宅基地建设了新房，1 户在城镇买房居住，3 户或在另一处原有住房居住，或常年在外打工，或跟随子女居住，没有建新房。规划宅基地标准面积为 21 m×26 m，院落面积比其他地区明显较大。

新房建成后由当地街道办统一修建了村内道路和乡村公路与乡镇连接，村内道路为混凝土路面,乡村公路为柏油路面;村内入学儿童在县城小学上学,有校车统一接送;周边几个村共有一个乡村卫生室;村内饮用水为县城和乡镇统一建设的自来水管网供水,全天供水,水质较好;村民人均耕地约 1.5 亩,多数青壮年均以外出打工为主,也是家庭主要经济来源。本次朱家村入户调查 2 户,问卷调查 8 户,由县局、河务段同志带领完成。

图 8-33 为新建房屋和村内道路情况。

图 8-33 新建房屋和村内道路情况

以下简要介绍村民魏 * 德安置情况。

家有 6 口人,两位老人和两个孩子,孩子均已成家在县城有房,老人一起居住。房子建筑面积 200 m^2,造价 24 万元左右,原来的房子质量较好,建房时间较短,拆迁补偿 17 万元。由于建房面积较大,当地建材及人工价格相对较高,建房成本较大,给家庭造成一定的经济压力。家用电器齐全,有小轿车一辆和各种农用机械,日常生活采用液化天然气,冬季采用烧煤供暖。全家人均耕地 1.5 亩,全家的主要经济来源为外出打工,年收入 3 万~4 万元,孩子在县城买房贷款月供 3 000 元。新建房屋情况见图 8-34。

图 8-34 新建房屋情况

移民安置情况调查表见图 8-35。

8.4.4.3 专项设施复建调查

垦利黄河下游防洪工程共有 4 个单项工程,只有垦利堤防加固工程和垦利堤防帮宽工程涉及专项设施恢复和改建,主要包括输变电设施、通信设施、水利设施、水文设施和临时辅道,具体规模及投资见表 8-7。专业项目的恢复改建有垦利区迁占办委托优质的设计单位完成设计并按照程序报批后组织实施，并通过验收。所有受工程影响的专业项目在工程实施过程中，相关地方主管部门采取相应措施，在电力、通信等方面没有对当地村民造成生产和生活上的影响。相关设施在恢复和改建后均达到或超过原有设施的水平。

补偿：17万、建房24万。

612人。

移民安置情况调查表

乡　镇	[illegible]	村　名	米家	户　名	[illegible]
调整土地的类型（打钩）	水浇地	旱地	变好	没变 √	变差
水浇地的比例（%）	每户所有土地中水浇地的比例：				
人均耕地（亩）	全家人均耕地亩数：1.5亩				
耕作半径（km）	到农田的平均距离：1~2 km				
耕地亩产量（kg/亩）	全年平均：				
土地调整情况满意度（打钩）	很满意	满意 [illegible]	一般	不满意	
住房质量（打钩）	提高 √	不变	变差	砖混结构	砖木结构
人均住房面积（平米）	21×26 m　200 m²　[illegible]				
卫生厕所条件（打钩）	旱厕：	化粪池：√	搬迁之前厕所形式：露天厕	旱厕 √	化粪池
人均收入（元/人.年）	工资收入	农业生产收入	打工经营收入	其他收入	年人均收入
			3万/家		
人均消费支出（元/人年）	生活消费	文化教育	医疗保健	社会来往	其他
			3000元/月还贷		
新农合参保情况（打钩）	有：√			无：	
有线电视（打钩）	有：√			无：	
做饭方式（打钩）	烧煤：	烧秸秆：√	液化气：√	天然气：	
冬季取暖方式（打钩）	集中供暖：	烧煤：√	用电：	天然气：	没有：
家用电器情况（打钩）	冰箱	洗衣机	彩电 √	空调 √	
交通工具情况（打钩）	电动车	摩托车	汽车 √	自行车	
生活安置满意度（打钩）	满意 √	一般	不满意	原因：	
搬迁户与村民关系	变好	没变 √	变差	原因：	
亲戚交往情况	变好	没变 √	变差	原因：	
社会生活丰富程度	变好	没变 √	变差		
村民对政府工作满意程度	满意 √	一般	不满意	原因：	
村民对政府信任程度	信任 √	一般	不信任	原因：	
搬迁户是否愿意搬迁	是		否	原因：	
儿童是否入学	是 [illegible]		[illegible]		
搬迁后社会治安状况	变好	没变	变差		
饮水方式	自来水 √	压水井	可饮用	不能饮用	
供电保证率					
村内道路状况	柏油路	水泥路 √	砂石路	土路 [illegible]	
对外交通道路	柏油路	水泥路 √	砂石路	土路	
对外交通方式	公交车	自主出行 √			
诊所	有：[illegible]				
饮用水水质	好 √	一般	差	无法饮用	
年均风沙天数（天）	[illegible]				

[illegible]

图 8-35

表 8-7　垦利区专项设施复建

序号	项目	单位	设计方案	实施情况	
			数量	数量	投资/万元
	合计				477.20
1	输变电设施				22.77
	10 kV 电力线路	km	0.10	0.10	0.73
	通信线杆拔高	根	83.00	83.00	10.79
	低压配电线	km	4.20	4.20	11.25
2	通信设施				12.48
	通信线路	km	3.90	3.90	12.48
3	水利设施				431.17
	渠道恢复新征地	亩	96.51	96.51	318.48
	挖、填方工程	m³	70 860.00	70 860.00	81.49
	土渠	m	200.00	200.00	0.40
	PE160 水管线	m	1 500.00	1 500.00	29.40
	水表井	个	7.00	7.00	1.40
4	水文设施				9.90
	沉陷点	个	16.00	16.00	8.00
	测压管	个	6.00	6.00	1.80
	高程点	个	1.00	1.00	0.10
5	临时铺道	m³	363.00	363.00	0.88

8.4.5　实地调查结果评价

调查组通过对东阿县、邹平市和垦利区三地移民安置情况的实地调查基本了解和掌握了搬迁村民当前的生产和生活情况,通过入户走访和问卷调查的方式获得了搬迁村民生产、生活方面的相关资料,同时对移民搬迁之前的生产、生活条件和生活状况也进行了直观的调查和了解。通过对调查资料的统计和整理,并通过与初步设计文件、移民监测评估报告、移民监理工作报告等相关成果进行对比和分析,对实地调查结果进行综合评价并得到以下共识和意见。

(1)通过本次实地调查,真实、直观地了解了搬迁村民的实际生产、生活状况和居住条件,通过面对面的交流了解到搬迁村民对工程建设的意见和看法以及在搬迁安置过程中遇到的困难;同时真切地看到和感受到绝大多数搬迁村民因工程的实施而带来的生活的变化。

（2）通过现场调查、走访，工程占压的土地以及搬迁安置的群众在生产安置和生活安置方面都基本按照设计文件的标准和要求，按照移民安置实施条例的有关程序妥善地进行了安置，搬迁群众的总体生产条件和生活水平得到了不同程度的改善和提高；个别地区的部分群众在搬迁安置的过程中遇到了一些问题和困难，同时因建房支出较大短期内承受一定的经济压力，对生活造成了一定的影响。

（3）在生产条件方面，因工程永久占压或临时占压部分土地对村民的影响相对较小，基本都采用一次性补偿的方式进行了经济补偿。所调查三地的村民工程永久占用的耕地较少且极为分散，在人均耕地、耕地的灌溉条件以及耕作半径、生产道路等方面基本没有大的变化；工程临时占地均进行了复垦，耕地的亩产量基本保持正常水平。

（4）生活条件方面，三地都有不同程度的改善和提高，尤其垦利区的大部分村民安置条件最为突出，通过与当地城镇化建设相结合，集中入住社区，生活条件改善明显，满意度最高；邹平市搬迁户的安置水平总体比较平均，村民生活条件、居住条件与同村内未搬迁户相比均有较大改善，总体满意度较高；东阿县搬迁村民安置条件差异较大，其中个别村统一建设、集中安置，生活条件改善明显，满意度较高，其他几个村受当地经济发展水平所限，村民住房条件有所改善但生活水平基本保持在当地平均水平，总体基本满意。

（5）通过三地调查发现，工程建设占地对村民生活条件的影响相对不大，目前人均耕地普遍较少，三地平均人均耕地基本在 1.0~1.5 亩，平均每亩年收入在 700~800 元，占家庭总经济收入的比例已经相对较小；实际影响村民生活条件的主要因素是生产外的经济收入，即家庭主要劳动力的打工收入，这与当地的经济发展水平密切相关。在总体生活水平和经济收入方面，垦利区和邹平市相对较好。

（6）在基础设施建设方面，集中安置和相对集中安置的搬迁户绝大多数在交通道路和出行方面都得到了很大改善，村内道路基本都是水泥或柏油路面，两侧设置排水设施或绿化带；邹平市、垦利区大多数村民以及东阿县的部分村民饮用水为自来水，其余皆为自备井或压水井取水，水质均满足饮用水要求；移动网络基本全覆盖；基础设施综合条件得到了较大改善和提高。

（7）通过调查发现，搬迁村民的安置状况和生活条件与当地政府的工作力度、支持和配合密切相关，尤其是村委会在搬迁安置工作中发挥的作用直接影响安置村民的生活状况。垦利区移民安置与地方城镇建设相结合，乡镇及村委会负责组织协调，安置效果较好；东阿县和邹平市搬迁群众安置较好的村庄均得益于村委和村委班子成员的有力工作，其他村庄村民对移民安置工作意见相对较多。

（8）调查发现本次工程移民安置工作的效果、安置水平以及搬迁群众生产生活条件改变程度和移民安置满意度方面，不同地区之间存在一些差异，这与当地的总体经济发展水平和群众的主要收入来源有直接的关系。

8.5 移民安置层次分析法效果评价

8.5.1 评价步骤

对黄河下游近期防洪工程项目基准年(2012 年)、恢复期(2015 年)、稳定期(2018 年)的移民安置效果进行后评价,并分析结果。实施效果后评价的具体步骤如下:

(1)对黄河下游近期防洪工程项目的社会、经济、资源、环境等进行分析,从以上建立的指标体系中选择有代表性、计量简单、灵敏性高、可操作性强的指标构建移民安置的逻辑层次结构和后评价指标体系。

(2)针对各具体指标确定其分级标准值。

(3)运用层次分析法确定各指标权重,针对以上建立的层次结构模型,进行层次单排序、层次总排序、一致性检验,最终确定指标权重值。

(4)根据各指标在基准年、恢复期和稳定期的实际数值,换算成百分制的指标赋分。然后从子项开始依次将其权重乘以相应的赋分值,再累加后得到上一级指标的评分,依次类推,直到得出最上一级的实施效果综合评价值。

(5)通过比较基准年、恢复期、稳定期移民安置综合指数确定移民安置的实际效果。

8.5.2 分析与评价

利用 yaahp 软件,基于 AHP(层次分析法)的基本研究方法,构建层次结构模型,对移民安置后评价指标进行权重分配和计算。yaahp 软件是一款由国内人员开发的层次分析决策辅助软件,为使用层次分析法的决策过程提供模型构造、计算和分析。本次移民安置后评价依据层次分析法的基本原理和方法,利用 yaahp 软件进行量化分析,并通过分析结果进行综合评价。

具体步骤如下:

(1)构造层次分析结构模型,见图 8-36。

(2)基于各层次目标对各个系统的重要性进行比较。

第 6 章、第 7 章对移民安置层次分析法的指标构建和指标体系进行了详细的分解和说明,如何确定各层指标的权重值是进行层次分析的关键内容,也是影响评价结果的关键因素。本次评价的指标体系是完全按照黄河下游防洪工程移民安置项目的工作内容进行构建,包含了所有可能涉及和影响搬迁群众生产生活的经济、社会、资源、环境等各方面因素,通过对设计文件的理解和把握,结合移民安置项目实施的实际过程和实际条件,通过咨询相关移民方面的专家、设计人员和现场工作人员,对各层指标的重要性两两进行了比较,并对各方意见进行了综合并建立判断矩阵,然后对各个判断矩阵进行一致性检验,判断结果如下文。下文中相关数值代表的含义见表 8-8。

· 146 ·　　黄河下游防洪工程后影响分析与评价研究

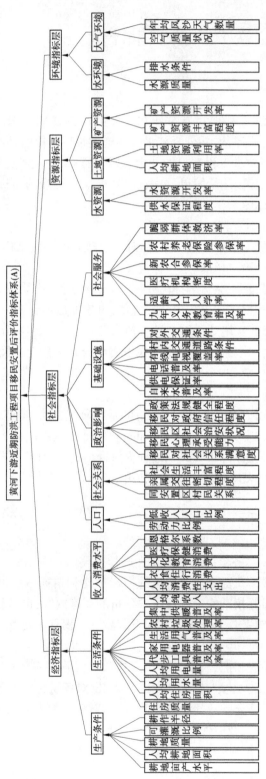

图8-36　层次分析结构模型

表 8-8　数值与含义对照表

两两因素比较	量化值
同等重要	1
稍微重要	3
较强重要	5
强烈重要	7
极端重要	9
两相邻判断的中间值	2,4,6,8

8.5.2.1　移民安置实施效果后评价

移民安置实施效果后评价见表 8-9~表 8-24。

表 8-9　移民安置后评价指标体系

一致性比例:0.047 1;对总目标的权重:1.000 0;λ_{max}:4.125 7

移民安置后评价 指标体系	经济指标层	社会指标层	资源指标层	环境指标层	W_i
经济指标层	1	3	5	6	0.555 9
社会指标层	1/3	1	4	4	0.275 3
资源指标层	1/5	1/4	1	2	0.101 0
环境指标层	1/6	1/4	1/2	1	0.067 8

表 8-10　经济系统

一致性比例:0.037 0;对总目标的权重:0.555 9;λ_{max}:3.038 5

经济指标层	生产条件	生活条件	收入消费水平	W_i
生产条件	1	3	5	0.637 0
生活条件	1/3	1	3	0.258 3
收入消费水平	1/5	1/3	1	0.104 7

表 8-11　社会系统

一致性比例:0.009 6;对总目标的权重:0.275 3;λ_{max}:5.042 9

社会指标层	人口	社会关系	政治影响	基础设施	社会服务	W_i
人口	1	2	3	5	6	0.437 2
社会关系	1/2	1	2	3	5	0.264 5
政治影响	1/3	1/2	1	2	3	0.153 8
基础设施	1/5	1/3	1/2	1	2	0.089 6
社会服务	1/6	1/5	1/3	1/2	1	0.054 9

表 8-12　资源系统

一致性比例:0.037 0;对总目标的权重:0.101 0;λ_{max}:3.038 5

资源指标层	水资源	土地资源	矿产资源	W_i
水资源	1	3	5	0.637 0
土地资源	1/3	1	3	0.258 3
矿产资源	1/5	1/3	1	0.104 7

表 8-13　环境系统

一致性比例:0.000 0;对总目标的权重:0.067 8;λ_{max}:2.000 0

环境指标层	水环境	大气环境	W_i
水环境	1	3	0.750 0
大气环境	1/3	1	0.250 0

表 8-14　生产条件

一致性比例:0.023 2;对总目标的权重:0.354 1;λ_{max}:5.103 8

生产条件	耕地质量	可灌溉比例	人均耕地面积	耕地亩产水平	耕作半径	W_i
耕地质量	1	2	3	3	5	0.405 0
可灌溉比例	1/2	1	2	3	3	0.256 5
人均耕地面积	1/3	1/2	1	2	3	0.165 0
耕地亩产水平	1/3	1/3	1/2	1	2	0.106 5
耕作半径	1/5	1/3	1/3	1/2	1	0.067 0

表 8-15　收入消费水平

一致性比例:0.022 3;对总目标的权重:0.058 2;λ_{max}:6.140 8

收入消费水平	人均纯收入	衣食住行消费	人均消费性支出	文化教育消费	恩格尔系数	医疗保健消费	W_i
人均纯收入	1	2	3	4	5	6	0.383 4
衣食住行消费	1/2	1	2	3	4	4	0.244 5
人均消费性支出	1/3	1/2	1	2	3	4	0.160 9
文化教育消费	1/4	1/3	1/2	1	2	3	0.101 6
恩格尔系数	1/5	1/4	1/3	1/2	1	2	0.064 6
医疗保健消费	1/6	1/4	1/4	1/3	1/2	1	0.045 0

表 8-16　人口

一致性比例：0.000 0；对总目标的权重：0.120 4；λ_{max}：2.000 0

人口	劳动力比例	低收入人口比例	W_i
劳动力比例	1	3	0.750 0
低收入人口比例	1/3	1	0.250 0

表 8-17　社会关系

一致性比例：0.037 0；对总目标的权重：0.072 8；λ_{max}：3.038 5

社会关系	同安置区村民关系	亲属交往密切程度	社会生活丰富程度	W_i
同安置区村民关系	1	3	5	0.637 0
亲属交往密切程度	1/3	1	3	0.258 3
社会生活丰富程度	1/5	1/3	1	0.104 7

表 8-18　政治影响

一致性比例：0.009 6；对总目标的权重：0.042 3；λ_{max}：5.042 9

政治影响	移民对社会关系满意度	政策法规健全程度	移民对政府信任程度	移民心理承受能力	移民区社会治安状况	W_i
移民对社会关系满意度	1	2	3	5	6	0.437 2
政策法规健全程度	1/2	1	2	3	5	0.264 5
移民对政府信任程度	1/3	1/2	1	2	3	0.153 8
移民心理承受能力	1/5	1/3	1/2	1	2	0.089 6
移民区社会治安状况	1/6	1/5	1/3	1/2	1	0.054 9

表 8-19　基础设施

一致性比例：0.021 7；对总目标的权重：0.024 7；λ_{max}：6.136 6

基础设施	自来水普及率	供电保证率	有线电视覆盖率	对外交通条件	村内交通道路条件	电话普及率	W_i
自来水普及率	1	2	3	3	5	6	0.372 3

续表 8-19

基础设施	自来水普及率	供电保证率	有线电视覆盖率	对外交通条件	村内交通道路条件	电话普及率	W_i
供电保证率	1/2	1	2	3	3	5	0.246 2
有线电视覆盖率	1/3	1/2	1	2	3	3	0.157 6
对外交通条件	1/3	1/3	1/2	1	2	3	0.109 1
村内交通道路条件	1/5	1/3	1/3	1/2	1	2	0.069 1
电话普及率	1/6	1/5	1/3	1/3	1/2	1	0.045 7

表 8-20　社会服务

一致性比例:0.021 7;对总目标的权重:0.015 1;λ_{max}:6.136 6

社会服务	适龄人口入学率	医疗机构密度	九年义务教育普及率	农村养老保险参保率	脆弱群体救济率	新农合参保率	W_i
适龄人口入学率	1	2	3	3	5	6	0.372 3
医疗机构密度	1/2	1	2	3	3	5	0.246 2
九年义务教育普及率	1/3	1/2	1	2	3	3	0.157 6
农村养老保险参保率	1/3	1/3	1/2	1	2	3	0.109 1
脆弱群体救济率	1/5	1/3	1/3	1/2	1	2	0.069 1
新农合参保率	1/6	1/5	1/3	1/3	1/2	1	0.045 7

表 8-21　水资源

一致性比例:0.000 0;对总目标的权重:0.064 3;λ_{max}:2.000 0

水资源	供水保证程度	水资源开发率	W_i
供水保证程度	1	3	0.750 0
水资源开发率	1/3	1	0.250 0

表 8-22　土地资源

一致性比例:0.000 0;对总目标的权重:0.026 1;λ_{max}:2.000 0

土地资源	土地资源利用率	人均耕地面积	W_i
土地资源利用率	1	3	0.750 0
人均耕地面积	1/3	1	0.250 0

表 8-23　水环境

一致性比例:0.000 0;对总目标的权重:0.010 6;λ_{max}:2.000 0

水环境	水源质量	排水条件	W_i
水源质量	1	3	0.750 0
排水条件	1/3	1	0.250 0

表 8-24　大气环境

一致性比例:0.000 0;对总目标的权重:0.067 8;λ_{max}:2.000 0

大气环境	年均风沙天气数量	空气质量状况	W_i
年均风沙天气数量	1	3	0.750 0
空气质量状况	1/3	1	0.250 0

8.5.2.2　移民安置后评价指标权重结果

移民安置后评价指标权重结果见表 8-25~表 8-27。

表 8-25　第 1 个准则层中要素对决策目标的排序权重

组合一致性比例:0.024 0

准则层要素	权重
经济指标层	0.555 9
社会指标层	0.275 3
资源指标层	0.101 0
环境指标层	0.067 8

表 8-26　第 2 个准则层中要素对决策目标的排序权重

组合一致性比例:0.025 4

准则层要素	权重
生产条件	0.354 1
生活条件	0.143 6
人口	0.120 4
社会关系	0.072 8
大气环境	0.067 8
水资源	0.064 3
收入消费水平	0.058 2
政治影响	0.042 3
土地资源	0.026 1
基础设施	0.024 7
社会服务	0.015 1
水环境	0.010 6
植被状况	0.000 0

表 8-27　方案层中要素对决策目标的排序权重

备选方案	权重
耕地质量	0.143 4
可灌溉比例	0.090 8
劳动力比例	0.090 3
人均耕地面积	0.058 4
供水保证程度	0.048 2
同安置区村民关系	0.046 4
耕地亩产水平	0.037 7
住房质量	0.037 3
林地覆盖率	0.032 4
低收入人口比例	0.030 1
人均住房面积	0.029 0
耕作半径	0.023 7
人均纯收入	0.022 3
农村垃圾处理率	0.021 1
土地资源利用率	0.019 6
亲属交往密切程度	0.018 8
移民对社会关系满意度	0.018 5
水资源开发率	0.016 1
人均用水量	0.015 3
衣食住行消费	0.014 2
水土流失率	0.013 1
年均风沙天气数量	0.012 7

续表 8-27

备选方案	权重
代步工具普及率	0.012 7
政策法规健全程度	0.011 2
人均用电量	0.010 0
人均消费性支出	0.009 4
自来水普及率	0.009 2
家用电器普及率	0.008 5
水源质量	0.007 9
社会生活丰富程度	0.007 6
人均耕地面积	0.006 5
移民对政府信任程度	0.006 5
供电保证率	0.006 1
文化教育消费	0.005 9
适龄人口入学率	0.005 6
生活用气普及率	0.005 6
绿地覆盖率	0.005 3
空气质量状况	0.004 2
集中供暖普及率	0.004 1
有线电视覆盖率	0.003 9
移民心理承受能力	0.003 8
恩格尔系数	0.003 8
医疗机构密度	0.003 7
对外交通条件	0.002 7
排水条件	0.002 6
医疗保健消费	0.002 6
九年义务教育普及率	0.002 4
移民区社会治安状况	0.002 3
村内交通道路条件	0.001 7
农村养老保险参保率	0.001 6
电话普及率	0.001 1
脆弱群体救济率	0.001 0
新农合参保率	0.000 7

8.5.2.3　移民安置后评价指标实际数值分析

通过实地调查和查阅东阿县、邹平市、垦利区三地 2012 年、2015 年和 2017 年的相关数据和资料，按照指标体系包含的内容对所有数据和资料进行了统计和分析，部分数据通过结合近年发展水平推算所得。本次层次分析法移民安置水平分析以邹平市的实际指标数据为例进行评价。具体结果见表 8-28。

表 8-28　滨州市邹平市移民安置实施效果后评价各层次指标值

指标			基准年	恢复期
经济指标	生产条件	耕地质量	较肥沃	较肥沃
		可灌溉比例/%	90	100
		人均耕地面积/亩	1.63	1.3
		耕地亩产水平/(kg/亩)	450	550
		耕作半径/m	200~500	200~500
	生活条件	住房质量	一般	较好
		人均住房面积/(m²/人)	29.7	36.8
		农村垃圾处理率/%	35.5	50.1
		人均用水量/[L/(人·d)]	300	360
		人均用电量/[kW·h/(人·d)]	0.3	0.5
		代步工具普及率	一般	较普及
		家用电器普及率	一般	较普及
		生活用气普及率	一般	较普及
		集中供暖普及率/%	5	20
	收入消费水平	人均纯收入/[元/(人·年)]	9 276	12 026
		人均消费性支出/元	7 692	8 764
		衣食住行消费/元	5 466	5 259
		文化教育消费/元	1 232	1 669
		医疗保健消费/元	700	1 264
		恩格尔系数/%	42.4	27
社会指标	人口	劳动力比例/%	58.5	67.4
		低收入人口比例/%	16.5	13.1
	社会关系	同安置区村民关系	一般	一般
		亲属交往密切程度	较密切	一般
		社会生活丰富程度	一般	较好
		移民对社会关系满意度	较好	较好
	政治影响	政策法规健全程度	一般	较健全
		移民对政府信任程度	较信任	较信任
		移民心理承受能力	一般	较好
		移民区社会治安状况	一般	较好

续表 8-28

指标			基准年	恢复期
社会指标	基础设施	自来水普及率	较差	较普及
		供电保证率/%	87	99
		电话普及率/%	65	95
		有线电视覆盖率/%	35	80
		对外交通条件	一般	较好
		村内交通道路条件	一般	较好
	社会服务	九年义务教育普及率/%	98.1	99.5
		适龄人口入学率/%	99.5	99.8
		医疗机构密度/(个/千人)	2	3
		新农合参保率/%	45	90
		农村养老保险参保率/%	40	85.5
		脆弱群体救济率/%	30	75
资源指标	水资源	供水保证程度	一般	较可靠
		水资源开发率/%	65	70
	土地资源	人均耕地面积/亩	1.63	1.3
		土地资源利用率/%	92	95
环境指标	水环境	水源质量	较可靠	较可靠
		排水条件	一般	较好
	植被状况	绿地覆盖率/%	72	73
		林地覆盖率/%	13	14
		水土流失率/%	5.5	5.1
	大气环境	空气质量状况	较好	较好
		年均风沙天气数量/d	13	10

8.5.2.4　对评价指标原始数据进行无量纲化处理

移民安置实施效果后评价指标等级评分标准见表 8-29。

表 8-29　移民安置实施效果后评价指标等级评分标准

等级	一级	二级	三级	四级	五级
分值	81~100	61~80	41~60	21~40	0~20

根据黄河下游近期防洪工程项目移民安置后评价指标分级和表 8-29 指标等级评分标准,对表 8-28 中移民安置后评价的指标原始数值进行百分化处理,使得指标之间具有

可比性。数据百分化处理后如表 8-30 所示。

表 8-30　移民安置后评价各层次赋分值

指标			基准年	恢复期
经济指标	生产条件	耕地质量	72	75
		可灌溉比例/%	90	100
		人均耕地面积/亩	65	55
		耕地亩产水平/(kg/亩)	50	59
		耕作半径/m	90	90
	生活条件	住房质量	55	80
		人均住房面积/(m²/人)	75	89
		农村垃圾处理率/%	55	75
		人均用水量/[L/(人·d)]	45	55
		人均用电量/[kW·h/(人·d)]	25	50
		代步工具普及率	60	80
		家用电器普及率	60	80
		生活用气普及率	60	80
		集中供暖普及率/%	10	20
	收入消费水平	人均纯收入/[元/(人·年)]	90	95
		人均消费性支出/元	88	92
		衣食住行消费/元	92	88
		文化教育消费/元	47	55
		医疗保健消费/元	35	53
		恩格尔系数/%	50	90
社会指标	人口	劳动力比例/%	95	97
		低收入人口比例/%	50	70
	社会关系	同安置区村民关系	55	60
		亲属交往密切程度	80	60
		社会生活丰富程度	60	80
		移民对社会关系满意度	78	80
	政治影响	政策法规健全程度	60	80
		移民对政府信任程度	75	80
		移民心理承受能力	60	80
		移民区社会治安状况	60	80

续表 8-30

指标			基准年	恢复期
社会指标	基础设施	自来水普及率	40	75
		供电保证率/%	78	95
		电话普及率/%	78	95
		有线电视覆盖率/%	55	85
		对外交通条件	60	80
		村内交通道路条件	60	80
	社会服务	九年义务教育普及率/%	88	95
		适龄人口入学率/%	90	95
		医疗机构密度(个/千人)	40	60
		新农合参保率/%	55	90
		农村养老保险参保率/%	35	85
		脆弱群体救济率/%	35	75
资源指标	水资源	供水保证程度	60	80
		水资源开发率/%	55	75
	土地资源	人均耕地面积/亩	65	55
		土地资源利用率/%	78	88
环境指标	水环境	水源质量	80	80
		排水条件	60	80
	植被状况	绿地覆盖率/%	70	71
		林地覆盖率/%	57	59
		水土流失率/%	72	78
	大气环境	空气质量状况	80	80
		年均风沙天气数量/d	80	85

8.5.2.5　移民安置实施效果综合评价

对评价指标分配权重和赋百分值后,需要对移民安置后评价各子系统和总体效果进行综合计算,以便于比较基准年和恢复期的评价结果。采用加权的方式将所有指标的百分值进行集成。公式如下:

$$F = W_1 \cdot V_1 + W_2 \cdot V_2 + W_3 \cdot V_3 + \cdots + W_i \cdot V_i$$

式中:F 为综合评价值;W_i 为第 i 个指标的权重;V_i 为第 i 个指标的百分赋值。F 值越大说明移民安置后评价效果越好。

把百分化后的数据代入后评价函数 $F = W_1 \cdot V_1 + W_2 \cdot V_2 + W_3 \cdot V_3 + \cdots + W_i \cdot V_i$ 中,依次

算出基准年和恢复期的后评价数值以及各个子系统的得分,邹平市移民安置后评价实施
效果综合评价结果如表 8-31 所示。

表 8-31　邹平市移民安置后评价实施效果综合评价

指标			基准年	恢复期
经济指标	生产条件	耕地质量	10.324 8	10.755
		可灌溉比例/%	8.172	9.08
		人均耕地面积/亩	3.796	3.212
		耕地亩产水平/(kg/亩)	1.885	2.224 3
		耕作半径/m	2.133	2.133
	生活条件	住房质量	2.051 5	2.984
		人均住房面积/(m²/人)	2.175	2.581
		农村垃圾处理率/%	1.160 5	1.582 5
		人均用水量/[L/(人·d)]	0.688 5	0.841 5
		人均用电量/[kW·h/(人·d)]	0.25	0.5
		代步工具普及率	0.762	1.016
		家用电器普及率	0.51	0.68
		生活用气普及率	0.336	0.448
		集中供暖普及率/%	0.041	0.082
	收入消费水平	人均纯收入/[元/(人·年)]	2.007	2.118 5
		人均消费性支出/元	0.827 2	0.864 8
		衣食住行消费/元	1.306 4	1.249 6
		文化教育消费/元	0.277 3	0.324 5
		医疗保健消费/元	0.091	0.137 8
		恩格尔系数/%	0.19	0.342
社会指标	人口	劳动力比例/%	8.578 5	8.759 1
		低收入人口比例/%	1.505	2.107
	社会关系	同安置区村民关系	2.552	2.784
		亲属交往密切程度	1.504	1.128
		社会生活丰富程度	0.456	0.608
		移民对社会关系满意度	1.443	1.48
	政治影响	政策法规健全程度	0.672	0.896
		移民对政府信任程度	0.487 5	0.52
		移民心理承受能力	0.228	0.304
		移民区社会治安状况	0.138	0.184

续表 8-31

指标			基准年	恢复期
社会指标	基础设施	自来水普及率	0.368	0.69
		供电保证率/%	0.475 8	0.579 5
		电话普及率/%	0.085 8	0.104 5
		有线电视覆盖率/%	0.214 5	0.331 5
		对外交通条件	0.162	0.216
		村内交通道路条件	0.102	0.136
	社会服务	九年义务教育普及率/%	0.211 2	0.228
		适龄人口入学率/%	0.504	0.532
		医疗机构密度/(个/千人)	0.148	0.222
		新农合参保率/%	0.038 5	0.063
		农村养老保险参保率/%	0.056	0.136
		脆弱群体救济率/%	0.035	0.075
资源指标	水资源	供水保证程度	2.892	3.856
		水资源开发率/%	0.885 5	1.207 5
	土地资源	人均耕地面积/亩	0.422 5	0.357 5
		土地资源利用率/%	1.528 8	1.724 8
环境指标	水环境	水源质量	0.632	0.632
		排水条件	0.156	0.208
	植被状况	绿地覆盖率/%	0.371	0.376 3
		林地覆盖率/%	1.846 8	1.911 6
		水土流失率/%	0.943 2	1.021 8
	大气环境	空气质量状况	0.336	0.336
		年均风沙天气数量/d	1.016	1.079 5
综合指数			69.98	77.95

　　东阿县、垦利区评价方法同邹平市,经计算,东阿县基准年和恢复期的后评价数值以及各个子系统的得分结果如表 8-32 所示,垦利区基准年和恢复期的后评价数值以及各个子系统的得分结果如表 8-33 所示。

表 8-32　聊城市东阿县移民安置后评价实施效果综合评价

指标			基准年	恢复期
经济指标	生产条件	耕地质量	10.038	10.038
		可灌溉比例/%	8.172	8.353 6
		人均耕地面积/亩	3.796	3.504
		耕地亩产水平/(kg/亩)	1.885	2.224 3
		耕作半径/m	2.133	2.133
	生活条件	住房质量	2.051 5	2.909 4
		人均住房面积/(m²/人)	1.885	2.03
		农村垃圾处理率/%	1.055	1.477
		人均用水量/[L/(人·d)]	0.688 5	0.841 5
		人均用电量/[kW·h/(人·d)]	0.25	0.5
		代步工具普及率	0.635	0.952 5
		家用电器普及率	0.467 5	0.663
		生活用气普及率	0.28	0.392
		集中供暖普及率/%	0.041	0.073 8
	收入消费水平	人均纯收入/[元/(人·年)]	1.895 5	2.029 3
		人均消费性支出/元	0.752	0.770 8
		衣食住行消费/元	1.278	1.249 6
		文化教育消费/元	0.265 5	0.306 8
		医疗保健消费/元	0.091	0.137 8
		恩格尔系数/%	0.19	0.342
社会指标	人口	劳动力比例/%	8.578 5	8.759 1
		低收入人口比例/%	1.505	2.107
	社会关系	同安置区村民关系	2.552	2.784
		亲属交往密切程度	1.504	1.128
		社会生活丰富程度	0.456	0.608
		移民对社会关系满意度	1.443	1.48
	政治影响	政策法规健全程度	0.672	0.896
		移民对政府信任程度	0.487 5	0.52
		移民心理承受能力	0.228	0.304
		移民区社会治安状况	0.138	0.184

续表 8-32

指标			基准年	恢复期
社会指标	基础设施	自来水普及率	0.322	0.644
		供电保证率/%	0.427	0.488
		电话普及率/%	0.085 8	0.099
		有线电视覆盖率/%	0.214 5	0.319 8
		对外交通条件	0.135	0.189
		村内交通道路条件	0.085	0.119
	社会服务	九年义务教育普及率/%	0.211 2	0.228
		适龄人口入学率/%	0.504	0.532
		医疗机构密度/(个/千人)	0.148	0.222
		新农合参保率/%	0.035	0.063
		农村养老保险参保率/%	0.056	0.136
		脆弱群体救济率/%	0.03	0.06
资源指标	水资源	供水保证程度	2.651	3.615
		水资源开发率/%	0.885 5	1.207 5
	土地资源	人均耕地面积/亩	0.422 5	0.357 5
		土地资源利用率/%	1.528 8	1.724 8
环境指标	水环境	水源质量	0.632	0.632
		排水条件	0.156	0.208
	植被状况	绿地覆盖率/%	0.344 5	0.371
		林地覆盖率/%	1.846 8	1.911 6
		水土流失率/%	0.943 2	1.021 8
	大气环境	空气质量状况	0.315	0.327 6
		年均风沙天气数量/d	1.016	1.079 5
综合指数			68.41	75.25

表 8-33　东营市垦利区移民安置后评价实施效果综合评价

指标			基准年	恢复期
经济指标	生产条件	耕地质量	9.321	9.464 4
		可灌溉比例/%	7.718	9.08
		人均耕地面积/亩	3.796	3.504
		耕地亩产水平/(kg/亩)	1.885	2.262
		耕作半径/m	2.133	2.133

续表 8-33

指标			基准年	恢复期
经济指标	生活条件	住房质量	2.051 5	3.655 4
		人均住房面积/（m²/人）	2.175	2.755
		农村垃圾处理率/%	1.160 5	1.899
		人均用水量/[L/（人·d）]	0.688 5	0.994 5
		人均用电量/[kW·h/（人·d）]	0.25	0.52
		代步工具普及率	0.825 5	1.079 5
		家用电器普及率	0.552 5	0.722 5
		生活用气普及率	0.364	0.476
		集中供暖普及率/%	0.041	0.287
	收入消费水平	人均纯收入/[元/（人·年）]	2.007	2.118 5
		人均消费性支出/元	0.827 2	0.864 8
		衣食住行消费/元	1.306 4	1.249 6
		文化教育消费/元	0.277 3	0.324 5
		医疗保健消费/元	0.091	0.137 8
		恩格尔系数/%	0.19	0.342
社会指标	人口	劳动力比例/%	8.578 5	8.759 1
		低收入人口比例/%	1.505	2.107
	社会关系	同安置区村民关系	2.691 2	2.691 2
		亲属交往密切程度	1.504	1.128
		社会生活丰富程度	0.494	0.646
		移民对社会关系满意度	1.443	1.48
	政治影响	政策法规健全程度	0.672	0.896
		移民对政府信任程度	0.487 5	0.52
		移民心理承受能力	0.228	0.304
		移民区社会治安状况	0.138	0.184
	基础设施	自来水普及率	0.414	0.69
		供电保证率/%	0.475 8	0.579 5
		电话普及率/%	0.085 8	0.104 5
		有线电视覆盖率/%	0.214 5	0.331 5
		对外交通条件	0.175 5	0.243
		村内交通道路条件	0.102	0.153

指标			基准年	恢复期
社会指标	社会服务	九年义务教育普及率/%	0.211 2	0.228
		适龄人口入学率/%	0.504	0.532
		医疗机构密度/[个/(千人)]	0.166 5	0.259
		新农合参保率/%	0.038 5	0.063
		农村养老保险参保率/%	0.056	0.136
		脆弱群体救济率/%	0.035	0.075
资源指标	水资源	供水保证程度	2.651	4.097
		水资源开发率/%	0.885 5	1.207 5
	土地资源	人均耕地面积/亩	0.403	0.357 5
		土地资源利用率/%	1.372	1.568
环境指标	水环境	水源质量	0.632	0.632
		排水条件	0.156	0.208
	植被状况	绿地覆盖率/%	0.371	0.376 3
		林地覆盖率/%	1.846 8	1.911 6
		水土流失率/%	0.943 2	1.021 8
	大气环境	空气质量状况	0.357	0.357
		年均风沙天气数量/d	1.079 5	1.054 1
综合指数			68.58	78.77

8.5.3　结果分析

8.5.3.1　实施效果分析

从表 8-31~表 8-33 中可以看出,邹平市移民安置后评价综合指数在基准年和恢复期分别为 69.98 和 77.95,综合指数提高了 11.39%;东阿县移民安置后评价综合指数在基准年和恢复期分别为 68.41 和 75.25,综合指数提高了 10%;垦利区移民安置后评价综合指数在基准年和恢复期分别为 68.58 和 78.77,综合指数提高了 14.86%。根据移民安置实施效果后评价指标等级评分表可以看出,移民安置后评价等级维持二级,但分值增加。这表明黄河下游近期防洪工程项目邹平市、东阿县、垦利区移民安置的实施效果总体上是良好的,在经济、社会、资源、环境等方面都有了不同程度的恢复和提高。

8.5.3.2　经济指标结果分析

根据邹平市移民安置后评价实施效果综合评价表,经济指标在恢复期为 43.16,相比基准年的 38.98 提高了 10.72%。生产条件、生活条件和收入消费水平同基准年相比分别提高了 4.14%、34.5% 和 7.23%。

　　根据东阿县移民安置后评价实施效果综合评价表,经济指标在恢复期为 40.93,相比基准年的 37.85 提高了 8.14%。生产条件、生活条件和收入消费水平同基准年相比分别提高了 0.88%、33.88% 和 8.28%。

　　根据垦利区移民安置后评价实施效果综合评价表,经济指标在恢复期为 43.87,相比基准年的 37.66 提高了 16.49%。生产条件、生活条件和收入消费水平同基准年相比分别提高了 6.4%、52.77% 和 7.23%。

　　通过以上分析,可以看出邹平市、东阿县、垦利区三地的生活条件同基准年相比有了很大的提高,说明国家对移民征地拆迁发放的补助和补偿金在一定程度上提高了他们的生活水平。生产条件指标中除人均耕地面积外,耕地质量、可灌溉比例、耕地亩产水平在恢复期都有了不同程度的提高,表明虽然征地导致了人均耕地面积减少,但是对于其他生产条件并无不良影响。生活条件指标中,住房质量、人均住房面积、人均用水量、人均用电量、代步工具普及率、家用电器普及率、生活用气普及率、集中供暖普及率同基准年比较都有了不同程度的提高,这表明搬迁后移民的住房条件、住房环境、生活条件得到很大的改善。反映收入消费水平的指标中,人均纯收入、人均消费性支出、文化教育消费、医疗保健消费和恩格尔系数较基准年都有不同程度的提高,这表明项目实施后移民的平均收入和消费水平有了一定程度的提高,达到了保障移民生产生活水平不降低的总体目标。

8.5.3.3　社会指标结果分析

　　根据邹平市、东阿县、垦利区移民安置后评价实施效果综合评价表,邹平市社会指标评价值在基准年为 19.96,在恢复期为 22.08,提高了 10.62%;东阿县社会指标评价值在基准年为 19.82,在恢复期为 21.87,提高了 10.34%;垦利区社会指标评价值在基准年为 20.22,在恢复期为 22.11,提高了 9.35%。计算表明,邹平市、东阿县、垦利区在基础设施、政治影响和社会服务指标方面都有了很大程度的提高,这些都得益于安置区基础设施建设,使得供水、供电、交通、通信、医疗等方面得到极大的完善。在社会关系指标中,同安置区村民关系、社会生活丰富程度以及移民对社会关系满意度较之基准年都有了不同程度的提高,说明移民搬迁后同安置区村民关系良好,社会生活也更加丰富多彩,这些使得移民对新的社会关系较为满意,总体而言,移民搬迁后的社会关系较为融洽。基础设施的完善,生活收入水平的提高也使得移民的社会关系较为融洽,社会治安状况良好。

8.5.3.4　资源指标结果分析

　　在邹平市、东阿县、垦利区移民安置实施效果综合评价表中,邹平市资源指标评价值在恢复期为 7.15,相比基准年的 5.73 提高了 24.78%;东阿县资源指标评价值在恢复期为 6.90,相比基准年的 5.49 提高了 25.68%;垦利区资源指标评价值在恢复期为 7.23,相比基准年的 5.31 提高了 36.16%。计算表明,土地资源利用率和水资源开发率都有了不同程度的提高,但是人均耕地面积指标不及基准年,这是由于耕地资源因征地拆迁等原因数量减少和人口增长产生一定的影响。

8.5.3.5　环境指标结果分析

　　根据邹平市、东阿县、垦利区移民安置实施效果综合评价表,邹平市环境指标评价值在恢复期为 5.57,相比基准年的 5.30 提高了 5.09%;东阿县环境指标评价值在恢复期为 5.55,相比基准年的 5.25 提高了 5.71%;垦利区环境指标评价值在恢复期为 5.56,相比基准年的 5.39 提高了 3.15%。计算表明邹平市、东阿县、垦利区三地的水环境和大气环境指标都超过了搬迁前的水平,排水条件、林地覆盖率、绿地覆盖率、水土流失率、年均风沙天气数量等指标有了不同程度的改善。

第 9 章　结论与建议

9.1　结　论

（1）本次对黄河下游防洪工程移民安置项目实施情况采用实地调查和指标量化分析相结合的方式进行综合评价,考虑各方面因素和实际情况选取 3 个县的移民安置区作为调查和分析对象,在移民规模、安置方式、社会经济条件和调查规模、样本数量等方面具有广泛的代表性,评价结果能全面反映本次移民安置工作的总体水平和实际情况。

（2）通过实地查看、入户走访和问卷调查所取得的直观感受和评价结果与指标量化分析的结果基本一致,即本次黄河下游防洪工程移民安置工作完全按照设计文件和相关法规确定的要求、标准和程序进行了实施,搬迁安置群众的生产生活条件和居住环境总体上得到了改善和提高,达到了本次移民安置工作的总体目标。

（3）通过调查和走访切身感受到搬迁安置群众对防洪工程的理解和支持,同时搬迁群众也因为工程的实施、生活的变动经历了一些困难并做出了一些牺牲,部分群众因为短期内各方面的支出较大,承受经济上的较大压力。但多数受访群众认为工程占压引起的移民搬迁为部分群众提供了一次改善生活条件和居住环境的机会,有困难、有压力,但是目前的生产和生活都基本稳定。

（4）工程占压耕地对群众的生产影响不大,影响程度与各地经济和生活水平有关。从三地的调查情况来看,东阿县的几个村人均耕地 1.2~1.5 亩,耕地较少;邹平市的几个村人均耕地 1.5~2.5 亩,部分村民还承包了村内的部分机动用地;垦利区的几个村人均耕地 1.5~2.0 亩。耕地的种植作物、产量及净收入各地基本没有差异,每亩耕地的年净收入在 800 元左右。从调查情况看,垦利区搬迁村民的每户平均年收入一般在 2.5 万~3 万元,邹平市搬迁村民的每户平均年收入在 2.0 万~2.5 万元,东阿县搬迁村民的每户平均年收入在 1.5 万元左右;从耕地的收入与每户的年均收入占比来看,东阿县占比较高,邹平市次之,垦利区最小。因此,永久占地对东阿县村民的影响相对较大,对邹平市和垦利区村民的影响相对较小,原因是东阿县村民人均耕地少,打工或工资性收入少,总体收入偏低,而邹平市和垦利区当地的民营经济比较发达,多数劳力在当地企业上班,如邹平市的魏桥集团、垦利区的万达集团都是大型民营企业。因此,总体来看,永久占地在耕地占比很小的情况下,对各地村民的生产和生活影响较小,生产条件总体有所改善但变化不大;移民专项设施与基础设施的恢复、改建与地方基础设施建设相结合,总体水平有较大提高,尤其在群众出行和交通道路方面表现得比较明显。

（5）本次移民安置工作在房屋拆迁补偿方面,补偿标准总体反映偏低,补偿款大部分地区基本能满足新建房屋的基本成本,但多数群众需要自己补贴盖房费用。从三地的调查情况来看,东阿县、邹平市多数搬迁群众的补偿款与新建房屋支出能基本持平,垦利区搬迁群众的房屋补偿款与新建房屋支出有差距。其中涉及的因素包括：一是被拆迁房屋的实际状况差异较大；二是建材和人工单价的增长较快，地区差异也较大；三是新房建筑面积、建设标准不同地区差异较大等。

（6）通过三地的调查、走访发现，不同地区以及相同地区不同村的移民安置水平和安置效果差异较大。本次选择调查的三地和走访的村搬迁安置量都较大，安置方式各有不同，但是集中安置的村安置效果普遍较好，如东阿县的毕庄村、邹平市的延西村、垦利区的胜利社区（6个村）等。集中安置包括集中统一建设住房和集中分配宅基地、自建住房两种方式；统一建设住房，按个人条件再分配的方式效果最好，如东阿县的毕庄和垦利区的胜利社区；多数集中安置采用统一安排宅基地、自建住房的方式，在水电路等基础设施和居住条件、居住环境方面与同村相比改善比较明显；分散安置的村民通常被安置在本村的外围区域，基础设施、居住环境相对一般。

（7）移民安置群众的居住条件和生活状况以及对移民安置的反馈意见与当地的经济发展水平密切相关。东阿县的部分群众反映因搬迁安置、建房支出较大等原因生活受到一定影响，但总体居住环境都有一定改善；邹平市、垦利区相对条件较好，居民生产外的经济收入相对较多，居住环境和生活条件改善相对明显。尤其表现在房屋条件、内部装修、家用电器、交通工具、供水通信等方面。

（8）在教育、医疗和社会服务方面，随着各地经济和社会总体条件的提升，搬迁群众在孩子上学、医疗保险以及社会服务方面都得到了保障和提高，社会安全、稳定，社会关系和精神面貌较好。

9.2　意见和建议

（1）拆迁补偿与新建住房成本问题。

各地区在拆迁补偿方面都根据当地的实际情况制定了各自的补偿标准，但是由于近些年的经济发展和生活水平的不断提高，各地群众在房屋形式、质量要求、居住习惯方面都有较大的改变，因此新建农村住房的平均建设成本在不断提高，同时近几年的建材价格和人工费用增长较快也增加了盖房成本，因此部分搬迁群众反映拆迁补偿款与新建房屋费用之间出入较大，个人补贴费用较多，经济压力较大。尤其对于拆迁补偿款较少，经济上比较困难的群众，搬迁安置对今后的生活造成了一定的影响。

因此，建议在拆迁补偿标准方面，房屋的赔偿单价应根据当地的经济发展水平以及建设成本的增加情况适当予以提高，总体上应该满足建设一般标准的新房的成本。尤其是对于住房条件较差、面积较小或者总补偿额度较低的困难群众要有适当的补助政策或救助措施，否则这些群众将无力承担建设新房的费用，或者由于建设新房造成沉重的经济负担，从而影响生活质量和生活水平，这与移民安置的目标和要求是不一致的。

（2）宅基地问题。

随着各地区的经济和社会发展，工业和建设用地逐年增加，但是受制于国家对耕地征用的严格控制，非农用地指标日趋紧张，给宅基地的划拨增添了很大困难。沿黄部分地区为了满足地方工业和建设用地需求，把河滩地和村子周边的涝洼地、坑塘等均转化成了耕地,使得部分村子无法正常办理宅基地的划拨手续,延迟了房屋建设速度和新房入住时间,给搬迁村民带来一些困难。调查中邹平市某村因为迟迟无法安排宅基地,4户村民只能自发组织在村边的坑塘填筑房台,大大推迟了房屋建设时间,在临时帐篷内居住了近4个月,在冬季来临前勉强搬进了潮湿的新房,对群众的生活影响较大,最后在村内集中办理宅基地手续时,该四户村民自建的房屋顺利办理了宅基地手续,拿到了房产证书,村民还算比较满意。

新房宅基地划拨及手续办理困难在某些县(市、区)是阻碍移民安置顺利开展的因素之一,尤其是建设用地指标紧张的地区。因此,移民迁占部门及地方政府在移民拆迁及安置过程中,要深入各村镇了解和掌握出现的各种问题和情况,积极协调和沟通,采取必要的措施,特殊问题特别处理,充分保障搬迁村民的生活和利益,避免出现搬迁村民利益受损或生活质量和生活水平下降的情况。

(3)临时安置补偿费问题。

搬迁安置的村民在房屋拆除后都是自己解决临时住房的问题,大多数群众都是在本村投亲靠友或临时租住房屋,少数群众选择到外地子女或亲戚家居住。从房屋拆迁到新房建好入住要经历较长的时间,包括办理宅基地划拨手续、填筑房台、建设房屋等过程,通过调查走访了解,各地从拆迁到入住的平均时间大约要一年,甚至个别地方要一年半,而移民安置的补偿标准为6个月,补偿费为人均约800元,多数搬迁群众反映补偿的时间太短、标准太低。搬迁群众在临时安置的这段时间不应仅仅考虑经济上的支出补偿,他们会遭遇很多方面的困难和挫折,精神上和生活上的影响更大,因此临时安置费用应充分考虑对搬迁群众在经济、生活和精神各方面的补偿和关怀。

因此,建议适当延长临时安置的时间,提高临时安置补贴费用标准,充分保障搬迁村民在安置过渡期的生活质量和生活水平不降低。

(4)安置效果较好的原因。

本次黄河下游近期防洪工程移民安置调查的三地,总体安置水平和安置效果较好,并且其中的个别村安置效果尤其突出,群众满意度较高,分析和了解其中的原因,主要包括以下几个方面:

①各级地方政府的支持。

本次移民安置工程总体规模大、战线长、移民点多、安置点分散,涉及的各级地方政府多,包括14个县、几十个乡镇、600多户村民,因此各级地方政府对移民工作的重视对安置效果起着非常关键的作用,尤其村委和村干部在安置过程中担负着重要角色,并发挥着不可替代的作用。从调查走访以及和村干部的交流情况看,所有安置效果较好、群众满意度较高的安置点,村干部的工作热情、工作作风、工作态度和工作方式等各方面均表现比较突出。

②移民迁占部门认真负责。

各市县河务局移民迁占部门工作细致、认真、负责,工作人员深入现场了解和掌握安置群众的实际情况,严格把握移民安置项目的标准、要求和程序,积极配合地方各级政府并做好指导、协调和监督工作,使得整个移民安置过程公开、透明、规范。对安置过程中出现的特殊问题以及困难群众,积极协调地方各部门进行沟通和处理,保证了整个移民安置工作的进度和质量,总体安置效果达到设计目标。

③移民安置群众的支持和付出。

在本次移民安置调查过程中,通过和基层村干部及搬迁群众的走访交流,深切感受到沿黄群众对黄河工程的理解和支持、安置群众对黄河的深厚感情以及生产生活方面与黄河的紧密联系。为此,绝大多数安置群众在生产和生活条件方面得到改善的同时,部分群众也为工程的实施付出了一些牺牲,在安置过程中也经历和承受了很多的困难,因此搬迁群众的安置效果和生产生活状况应该得到地方政府和工程建设各个部门进一步的重视。在移民安置整个过程中,从规划、设计、实施方案、实施过程、实施后评价等各个方面进一步完善和提高,妥善处理移民工作,为今后的工程管理提供良好的社会环境和群众基础。

因此,本次黄河下游近期防洪工程移民安置工作的组织形式和工作方式总体是成功的,各项移民安置工作的开展基本顺利,为工程的按时开工和顺利开展创造了良好的基础条件。在本次移民安置实施过程中,各地移民迁占部门及地方政府相关部门付出了巨大的努力和辛勤的工作,积累了大量的实践经验和处理特殊问题的措施和方法,为今后移民安置工作打下了良好的基础,值得总结和推广。

(5)通过本次移民安置的现场调查、量化分析和总体评价,黄河下游近期防洪工程搬迁安置群众的生产、生活条件和环境状况总体得到提高并达到设计目标。但是随着近些年农村经济和社会的快速发展,农民的生产生活条件都发生了较大变化,根据群众反映和实际效果评价来看,水利工程或黄河防洪工程在移民安置的补偿标准和设计标准方面与其他行业相比相对偏低,这也给移民工作的实施造成了一些困难,希望在今后的移民工作中被安置群众都是工程的受益者,真正达到建一项工程,造福一方群众。